陥没事故はなぜ起きたのか

―外かく環状道路陥没の検証―

Horie Hiroshi
堀江 博◉著

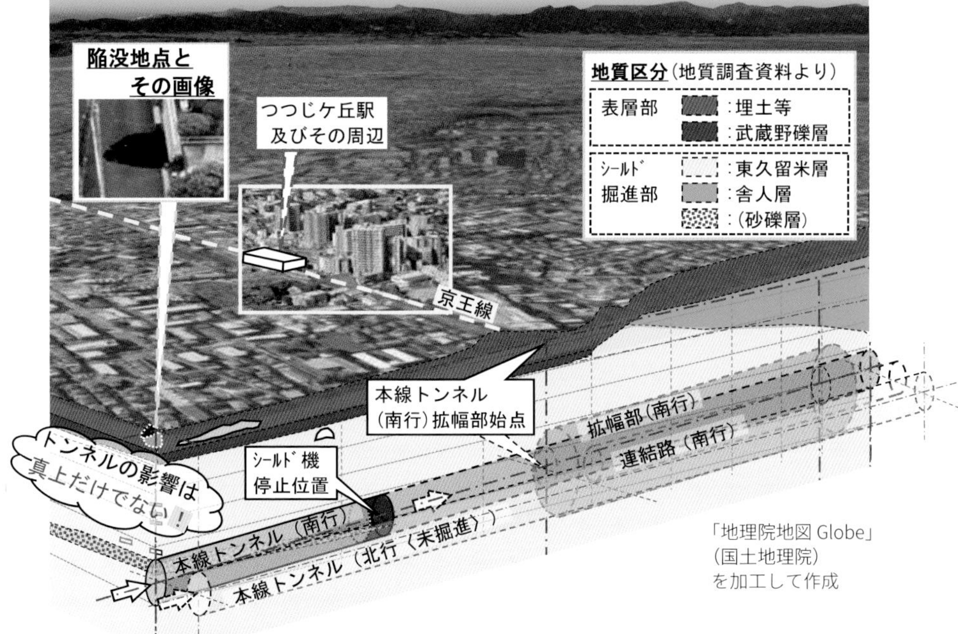

2020 年 10 月、東京都調布市、外かく環状道路のトンネル掘進の真上で発生した陥没事故。「その影響はトンネル真上以外の可能性も」と報道されているが、その真相は！

トンネル掘進による空隙は、事故調査委員会資料にも記録されており、工事に使用された「気泡」から新たに解く。

高文研

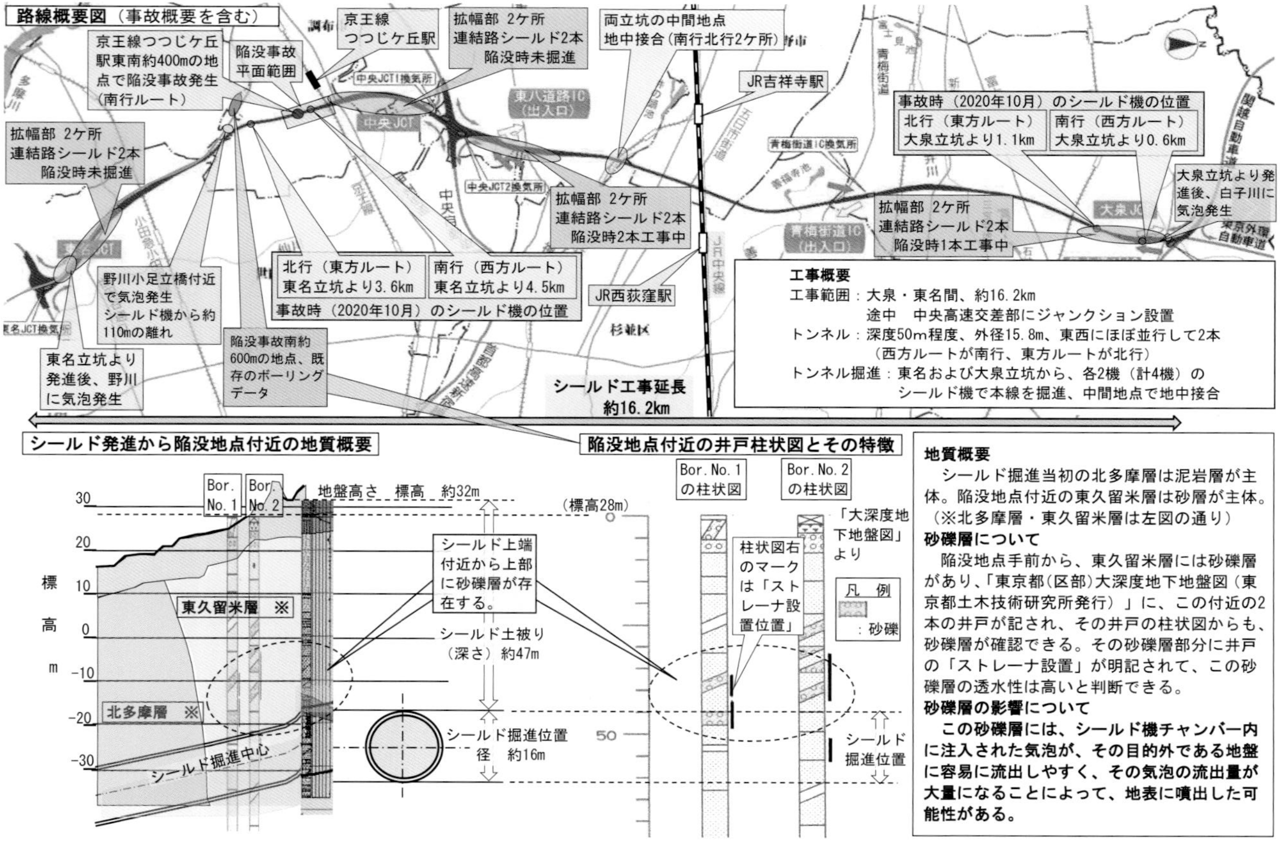

路線概要図（事故概要を含む）

京王線つつじケ丘駅東南約400mの地点で陥没事故発生（南行ルート）

陥没事故平面範囲

京王線
つつじケ丘駅

拡幅部 2ケ所
連結路シールド2本
陥没時未掘進

両立坑の中間地点
地中接合（南行北行2ケ所）

JR吉祥寺駅

事故時（2020年10月）のシールド機の位置
北行（東方ルート）
大泉立坑より1.1km
南行（西方ルート）
大泉立坑より0.6km

大泉立坑より発進後、白子川に気泡発生

拡幅部 2ケ所
連結路シールド2本
陥没時未掘進

拡幅部 2ケ所
連結路シールド2本
陥没時2本工事中

拡幅部 2ケ所
連結路シールド2本
陥没時1本工事中

北行（東方ルート）
東名立坑より3.6km
南行（西方ルート）
東名立坑より4.5km
事故時（2020年10月）のシールド機の位置

野川小足立橋付近で気泡発生
シールド機から約110mの離れ

東名立坑より発進後、野川に気泡発生

陥没事故南約600mの地点、既存のボーリングデータ

JR西荻窪駅

シールド工事延長
約16.2km

工事概要

工事範囲：大泉・東名間、約16.2km
途中　中央高速交差部にジャンクション設置

トンネル：深度50m程度、外径15.8m、東西にほぼ並行して2本
（西方ルートが南行、東方ルートが北行）

トンネル掘進：東名および大泉立坑から、各2機（計4機）の
シールド機で本線を掘進、中間地点で地中接合

シールド発進から陥没地点付近の地質概要

地盤高さ　標高　約32m

東久留米層 ※

北多摩層 ※

シールド上端付近から上部に砂礫層が存在する。

シールド土被り（深さ）約47m

シールド掘進位置
径　約16m

シールド掘進中心

標高 m

陥没地点付近の井戸柱状図とその特徴

Bor. No. 1の柱状図

Bor. No. 2の柱状図

（標高28m）

柱状図右のマークは「ストレーナ設置位置」

「大深度地下地盤図」より

凡例
：砂礫

シールド掘進位置

地質概要

シールド掘進当初の北多摩層は泥岩層が主体。陥没地点付近の東久留米層は砂層が主体。（※北多摩層・東久留米層は左図の通り）

砂礫層について

陥没地点手前から、東久留米層には砂礫層があり、「東京都(区部)大深度地下地盤図（東京都土木技術研究所発行）」に、この付近の2本の井戸が記され、その井戸の柱状図からも、砂礫層が確認できる。その砂礫層部分に井戸の「ストレーナ設置」が明記されて、この砂礫層の透水性は高いと判断できる。

砂礫層の影響について

この砂礫層には、シールド機チャンバー内に注入された気泡が、その目的外である地盤に容易に流出しやすく、その気泡の流出量が大量になることによって、地表に噴出した可能性がある。

口絵１　（p21）　図 0-1 外かく環状道路（大泉・東名間）全体概要図

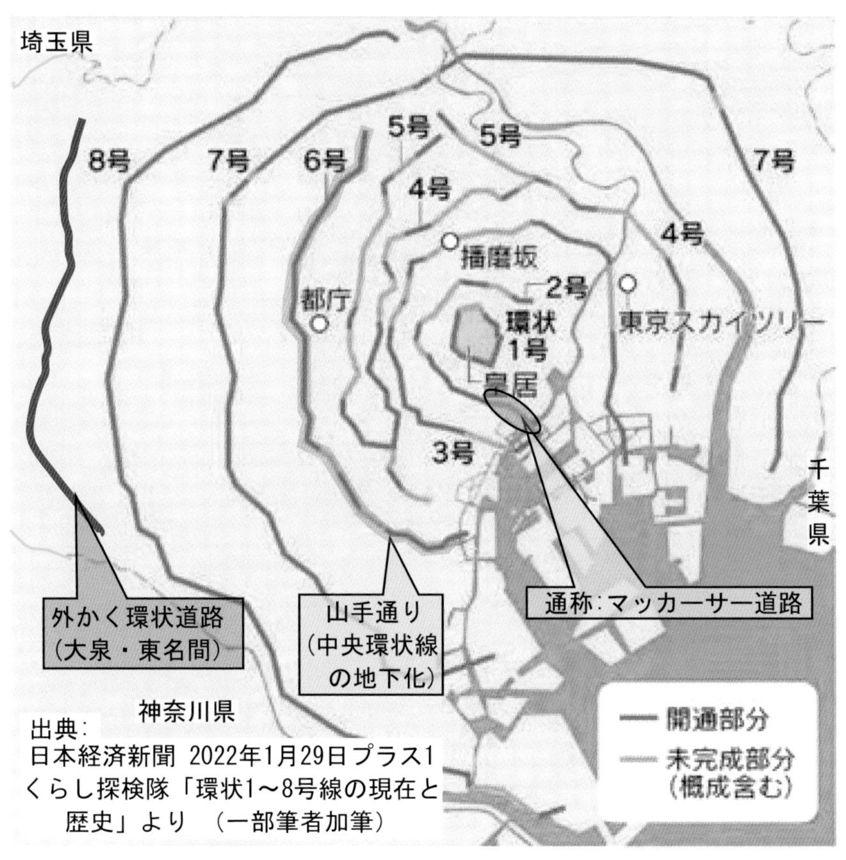

口絵２ （p31） 図 1-3 東京都内環状線概要図

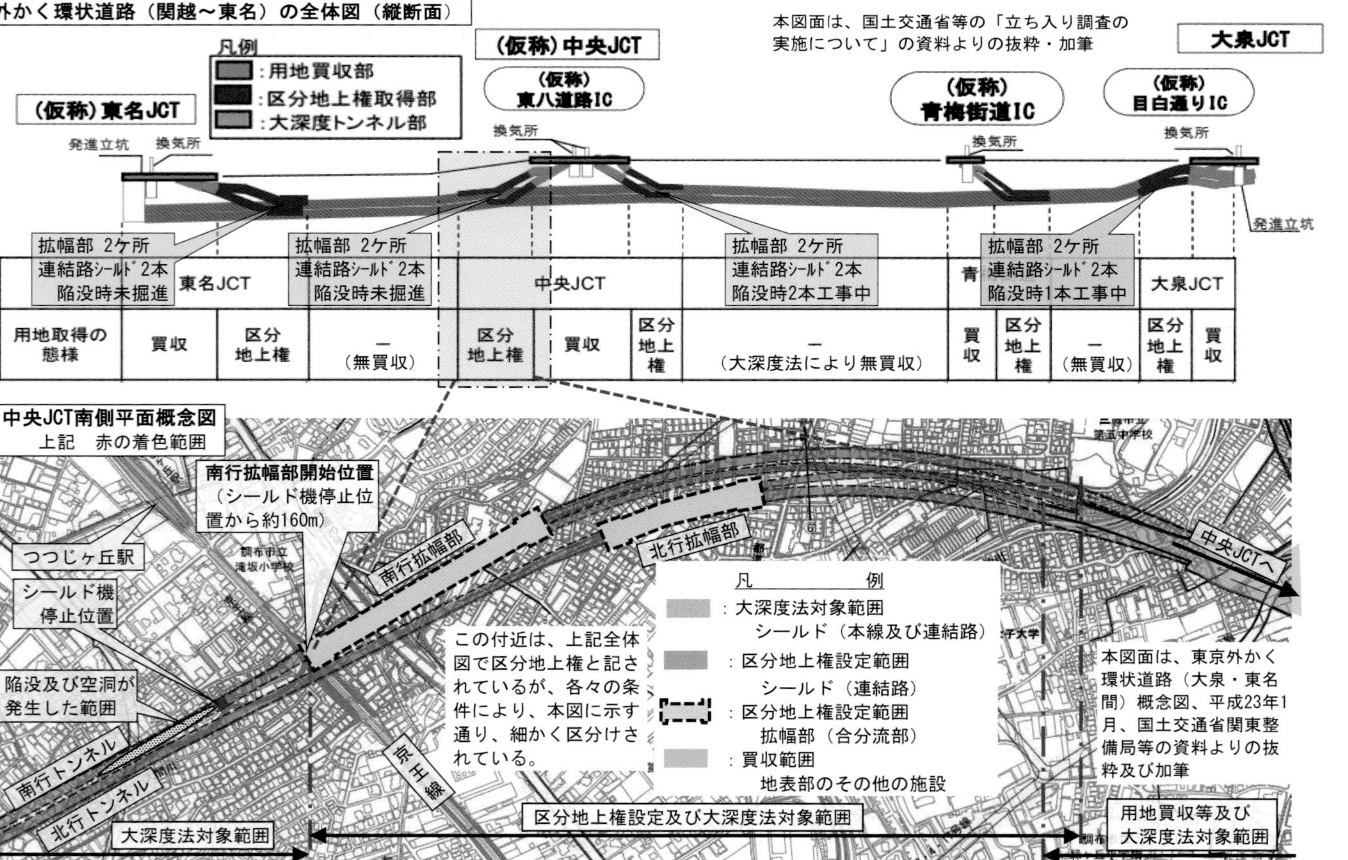

口絵３（p35）図 1-5 外かく環状道路（大泉・東名間）の用地収用等の区分図

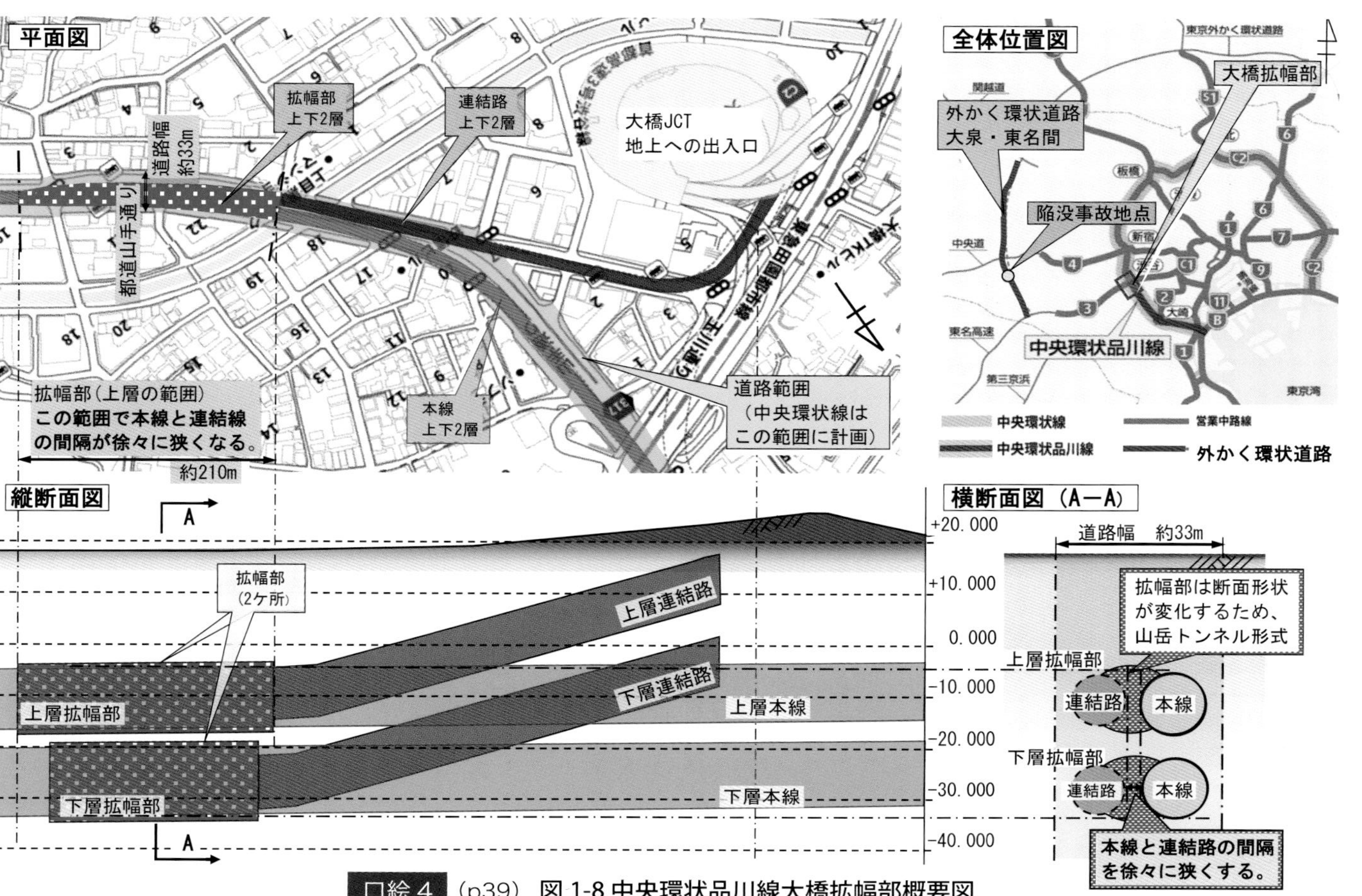

口絵４（p39）図 1-8 中央環状品川線大橋拡幅部概要図

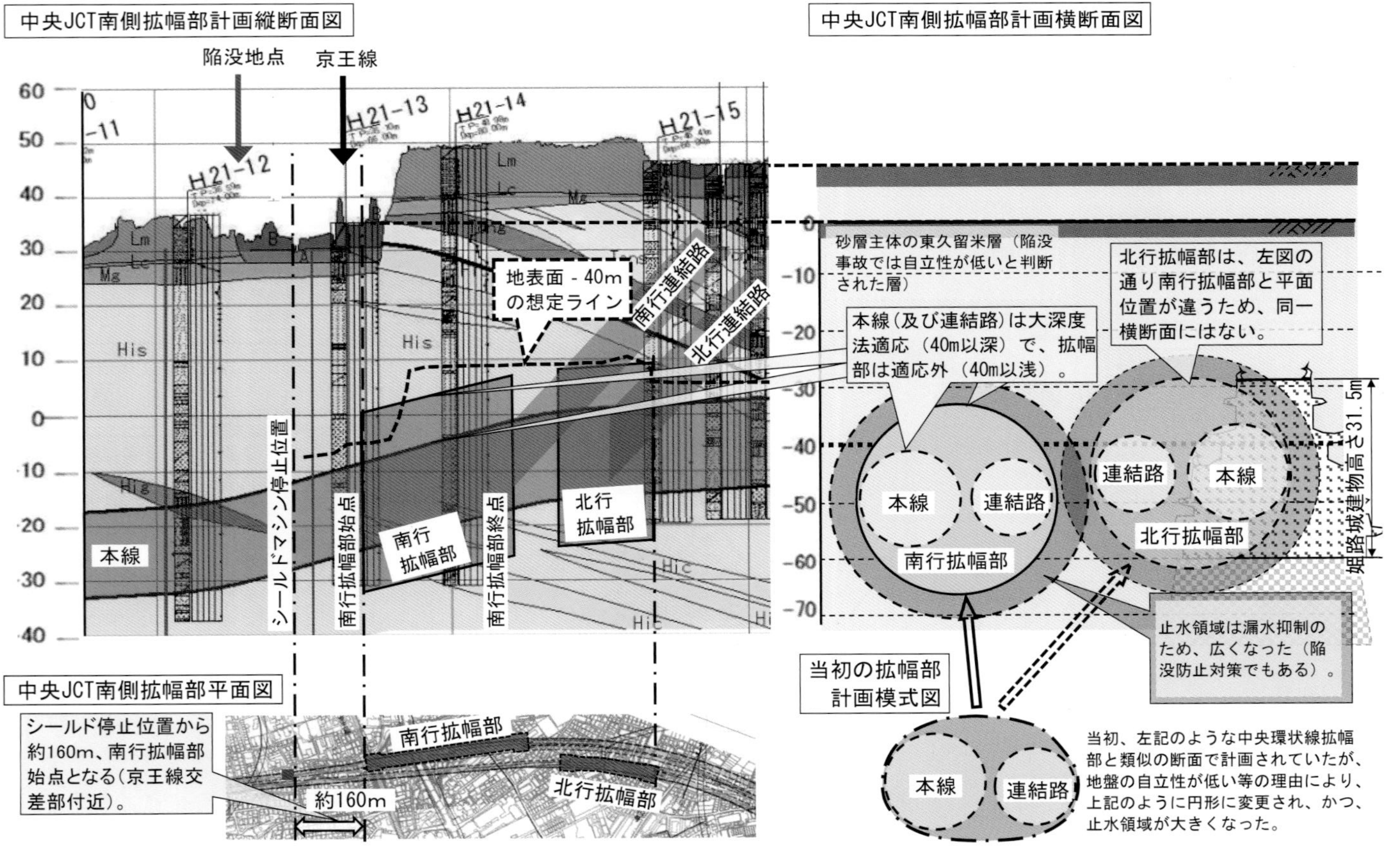

口絵5 (p42) 図 1-9 外かく環状道路拡幅部計画概要図

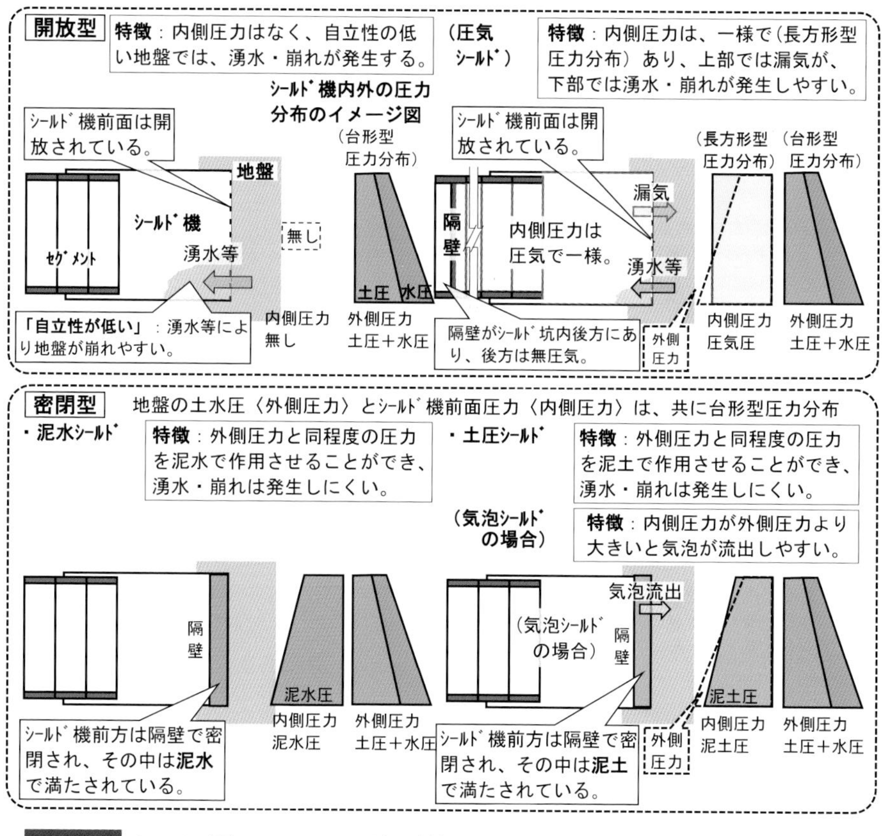

口絵6（p48）図1-12 シールドの種類別　シールド機前面の圧力保持概要図

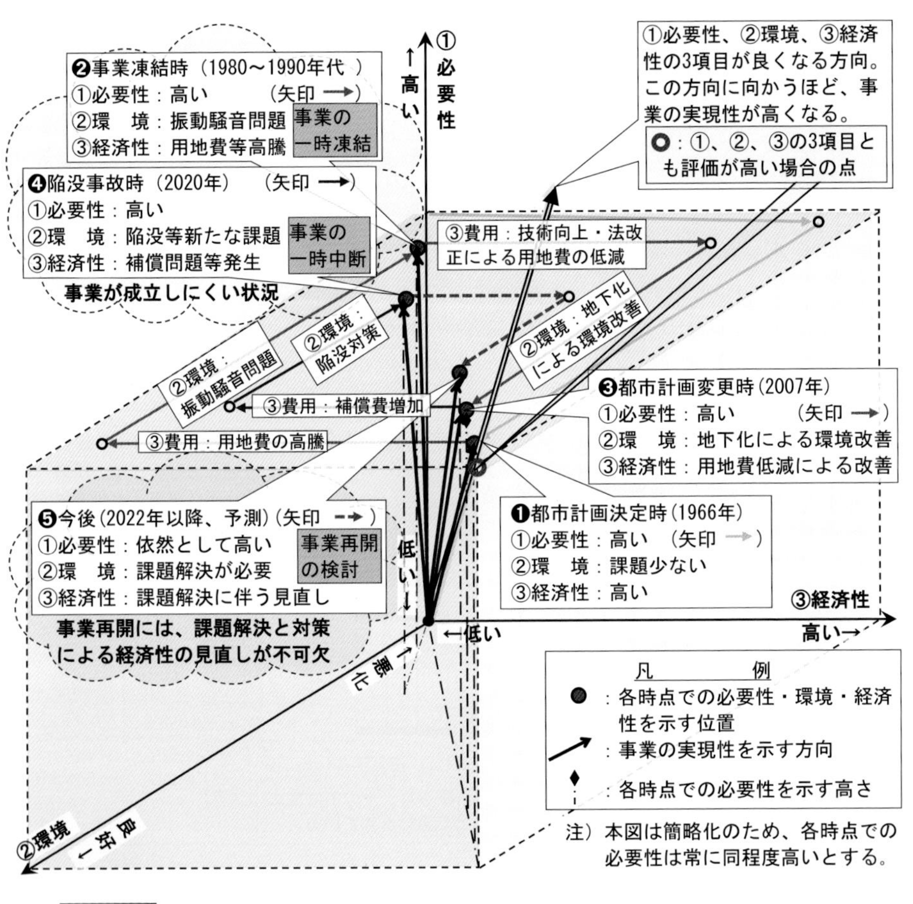

口絵７（p57）

図 1-15 外かく環状道路の必要性・環境・経済性とその実現性の関係の推移

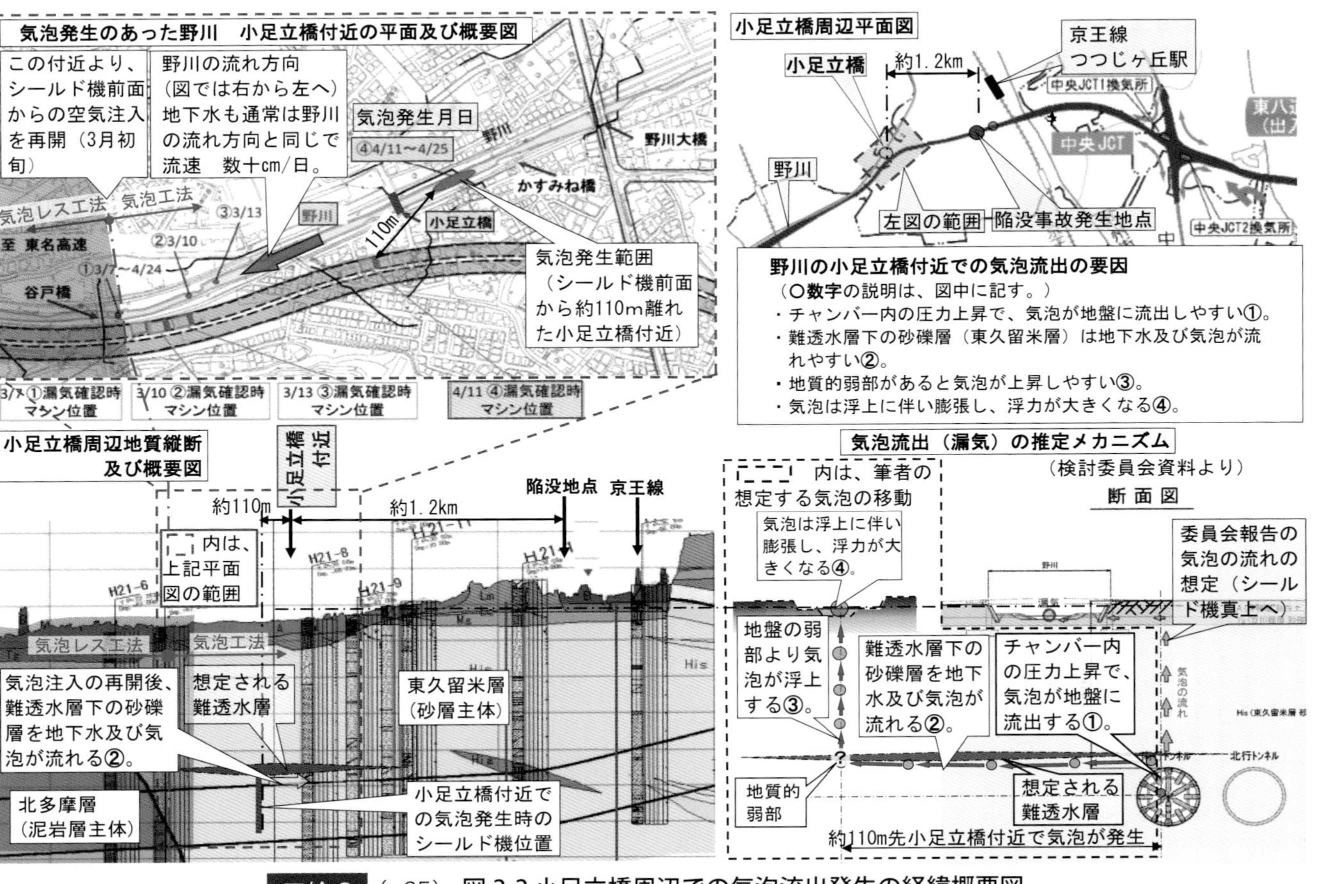

口絵８（p65）　図 2-2 小足立橋周辺での気泡流出発生の経緯概要図

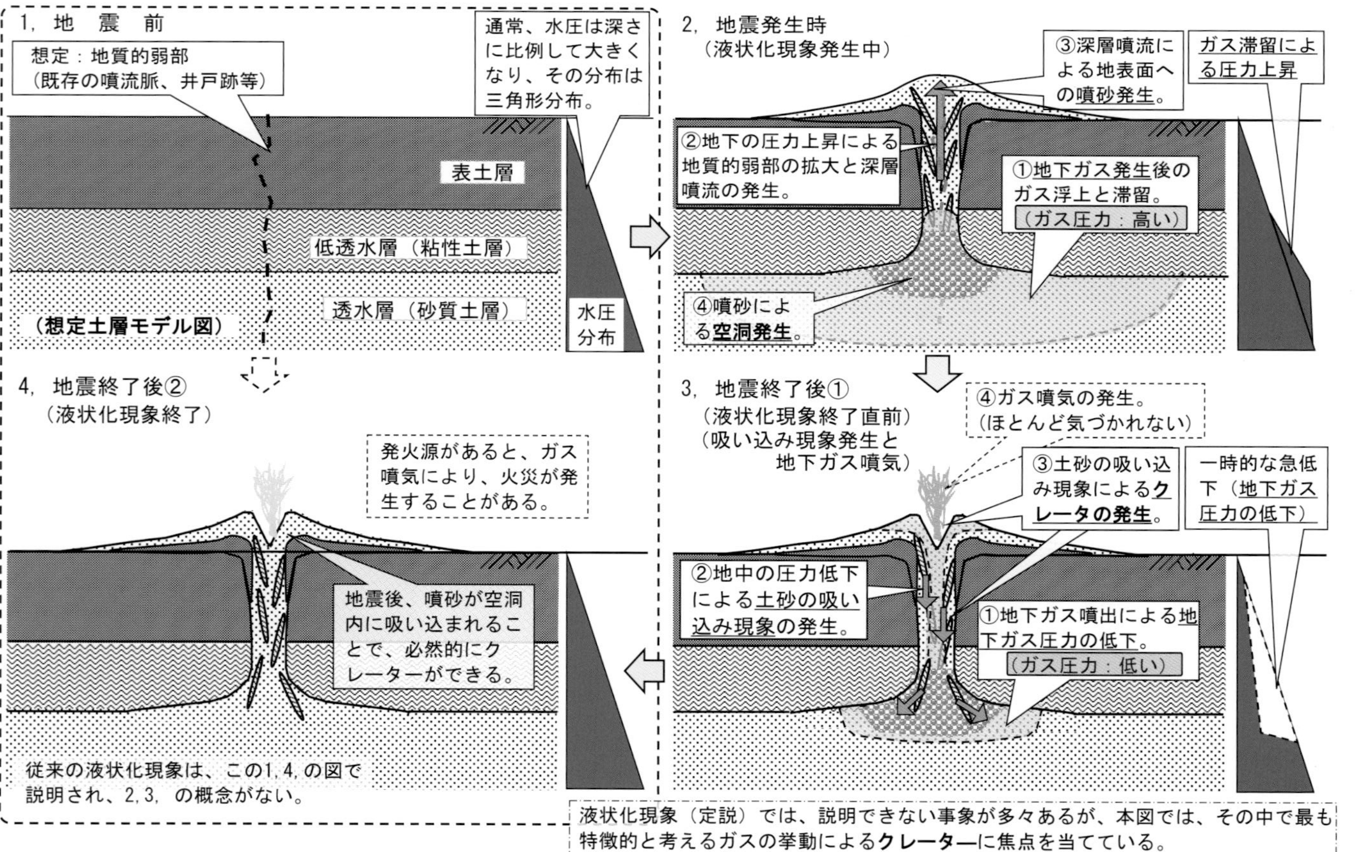

口絵９（p83）図 2-12 ガスの挙動と液状化現象の発生過程概念図

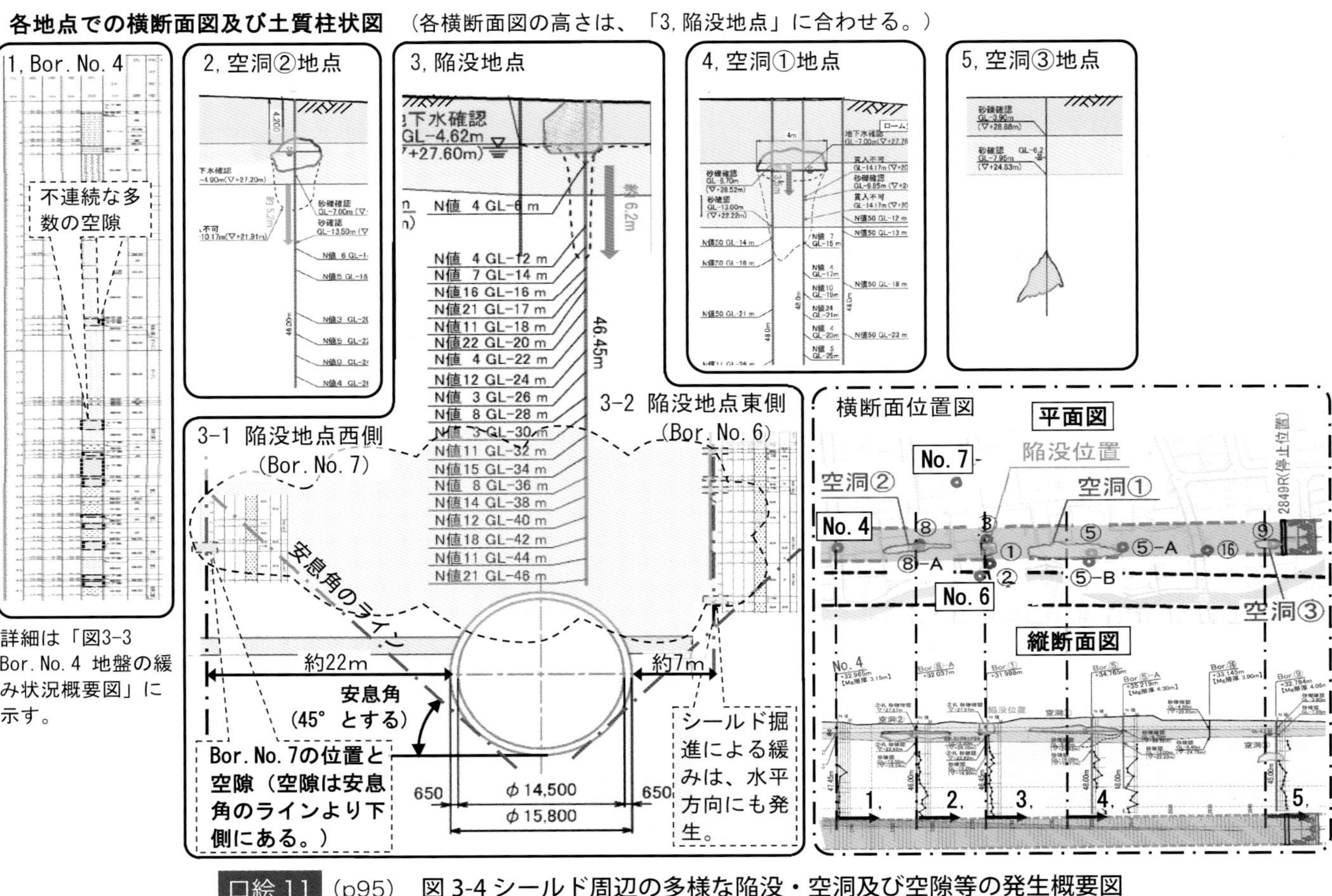

詳細は「図3-3 Bor. No. 4 地盤の緩み状況概要図」に示す。

口絵 11 （p95） 図 3-4 シールド周辺の多様な陥没・空洞及び空隙等の発生概要図

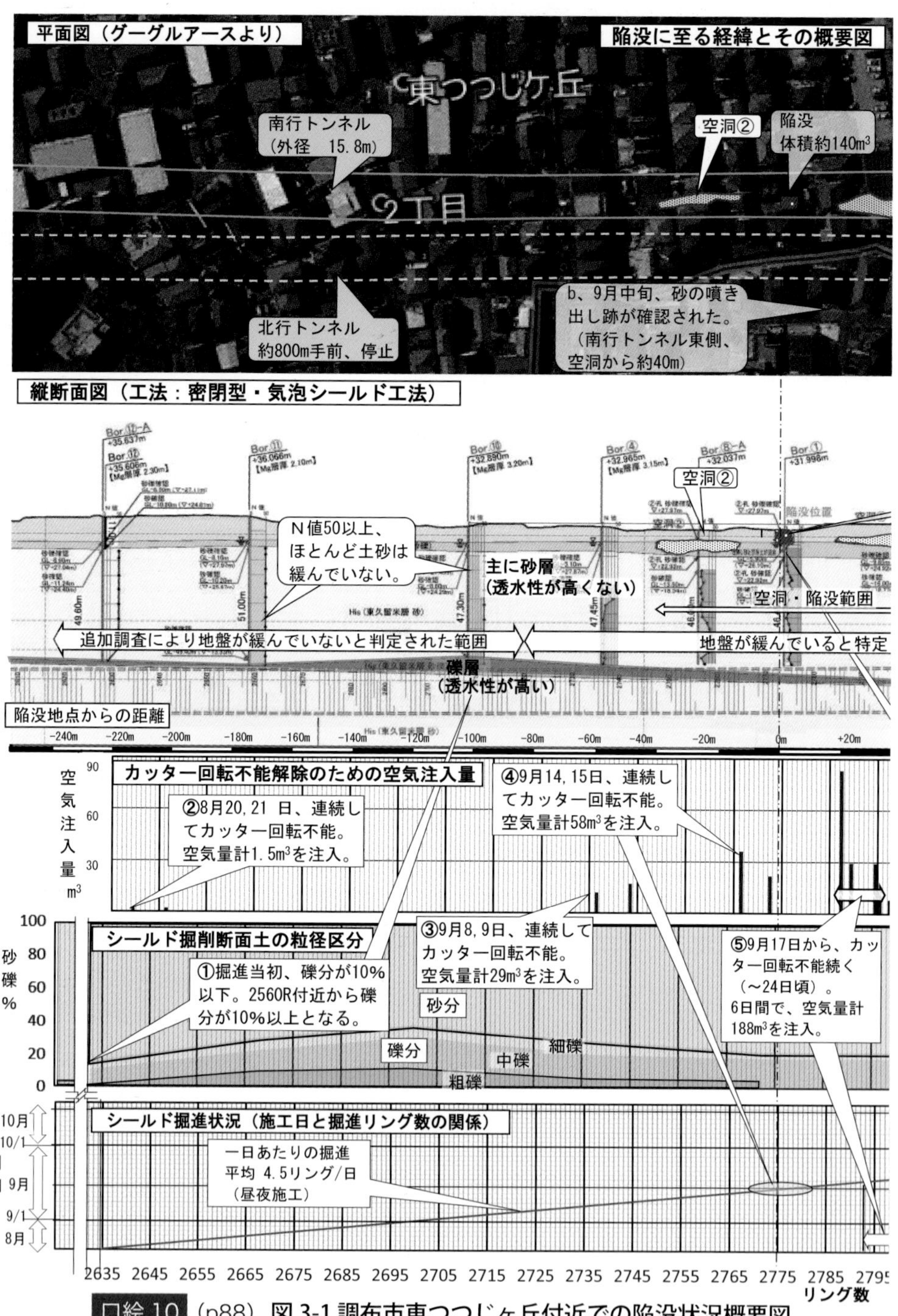

口絵10 (p88) 図3-1 調布市東つつじヶ丘付近での陥没状況概要図

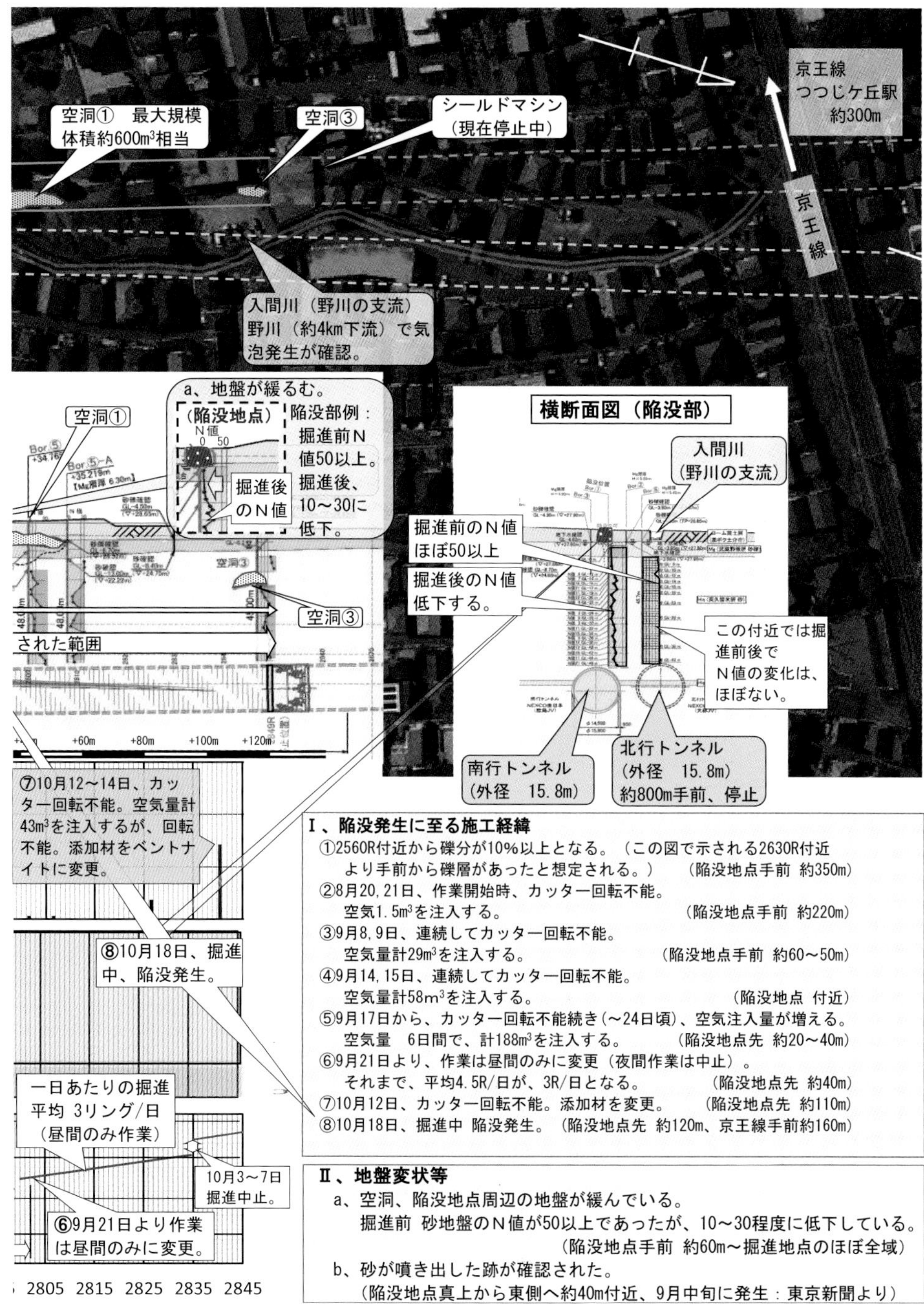

Ⅰ、陥没発生に至る施工経緯

①2560R付近から礫分が10％以上となる。（この図で示される2630R付近より手前から礫層があったと想定される。）　（陥没地点手前 約350m）

②8月20,21日、作業開始時、カッター回転不能。
空気1.5m³を注入する。　（陥没地点手前 約220m）

③9月8,9日、連続してカッター回転不能。
空気量計29m³を注入する。　（陥没地点手前 約60～50m）

④9月14,15日、連続してカッター回転不能。
空気量計58m³を注入する。　（陥没地点 付近）

⑤9月17日から、カッター回転不能続き（～24日頃）、空気注入量が増える。
空気量　6日間で、計188m³を注入する。　（陥没地点先 約20～40m）

⑥9月21日より、作業は昼間のみに変更（夜間作業は中止）。
それまで、平均4.5R/日が、3R/日となる。　（陥没地点先 約40m）

⑦10月12日、カッター回転不能。添加材を変更。　（陥没地点先 約110m）

⑧10月18日、掘進中 陥没発生。（陥没地点先 約120m、京王線手前約160m）

Ⅱ、地盤変状等

a、空洞、陥没地点周辺の地盤が緩んでいる。
掘進前 砂地盤のN値が50以上であったが、10～30程度に低下している。
（陥没地点手前 約60m～掘進地点のほぼ全域）

b、砂が噴き出した跡が確認された。
（陥没地点真上から東側へ約40m付近、9月中旬に発生：東京新聞より）

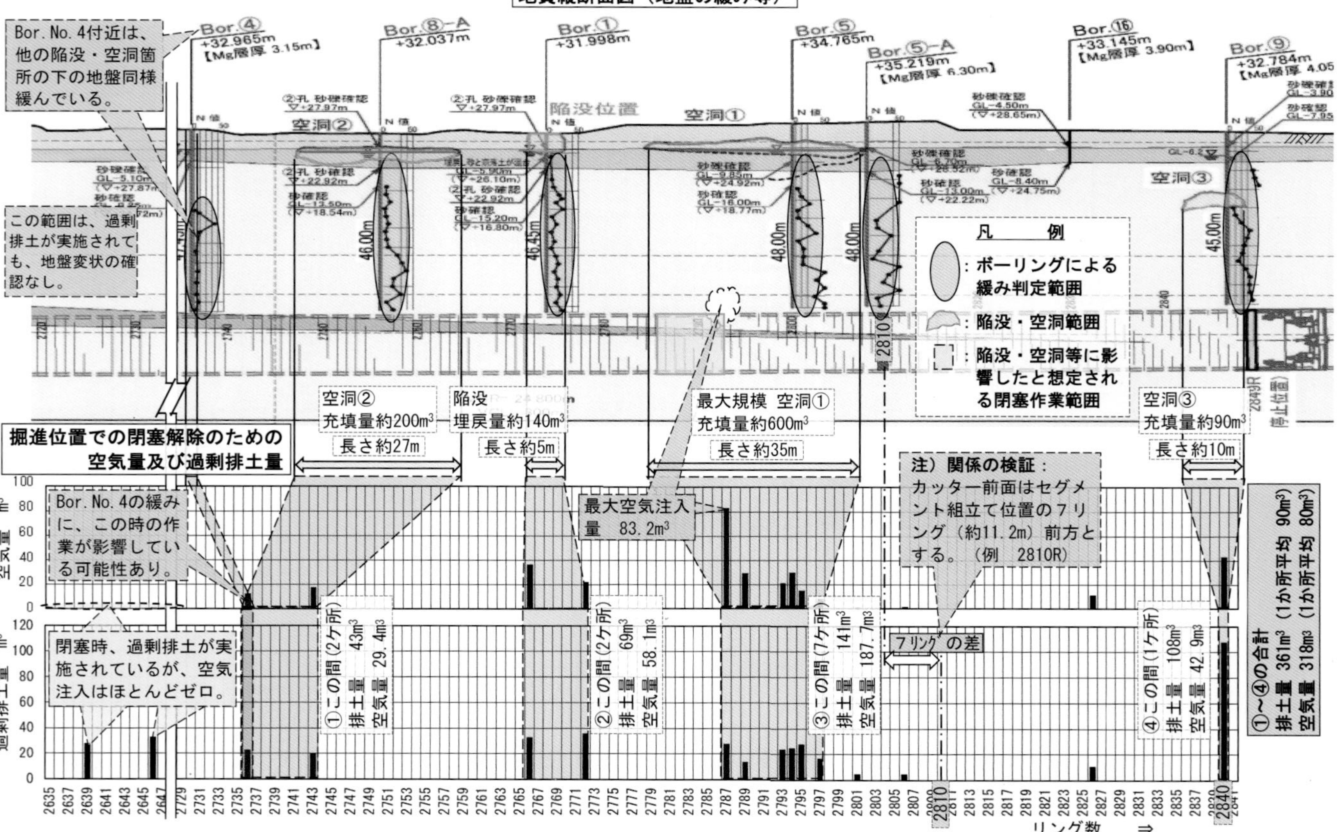

口絵 12 （p99） 図 3-6 陥没・空洞及び空隙発生状況と排土・空気量の関係図

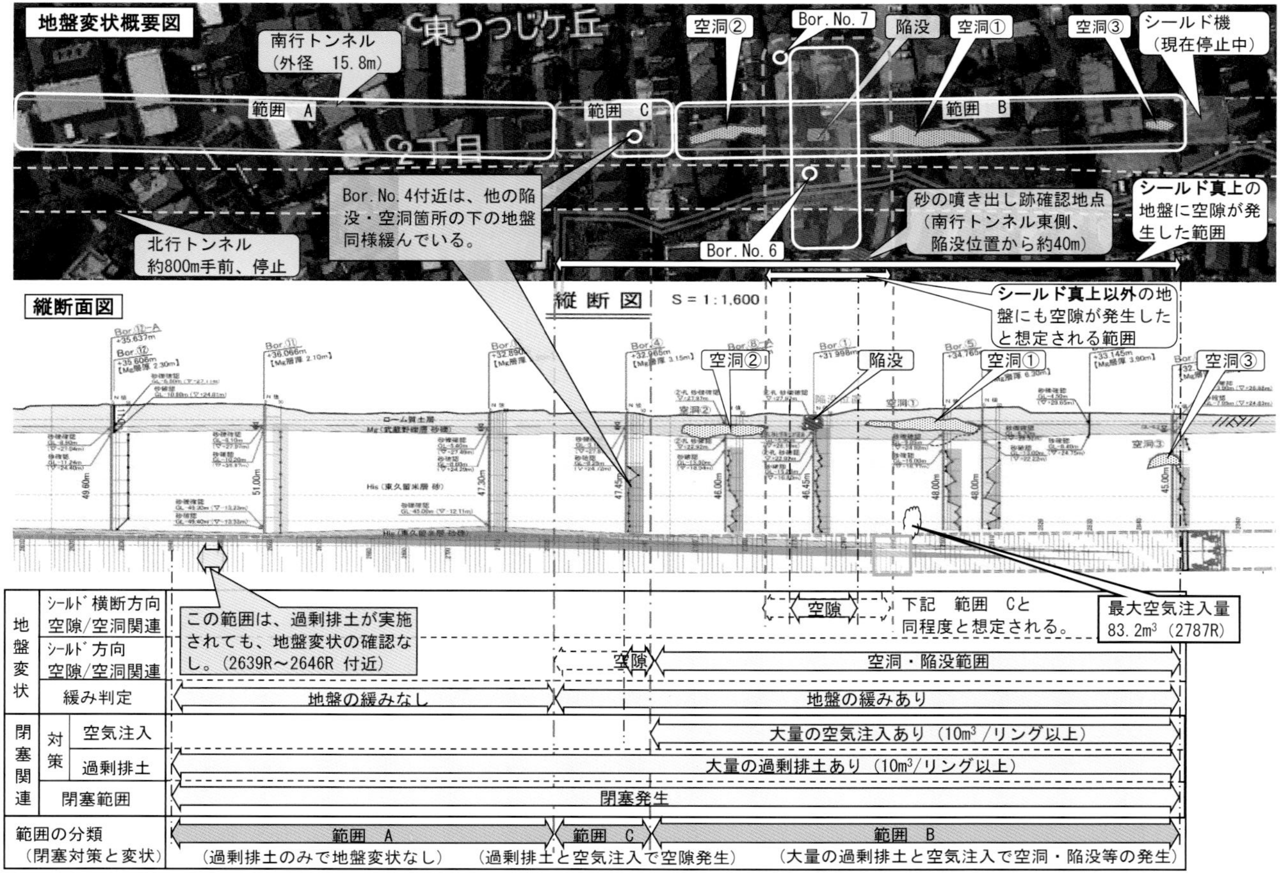

地盤変状概要図

東つつじケ丘
2丁目
南行トンネル
（外径　15.8m）
北行トンネル
約800m手前、停止
範囲　A
範囲　C
範囲　B
空洞②
Bor. No. 7
陥没
空洞①
空洞③
シールド機
（現在停止中）
Bor. No. 4付近は、他の陥没・空洞箇所の下の地盤同様緩んでいる。
Bor. No. 6
砂の噴き出し跡確認地点
（南行トンネル東側、陥没位置から約40m）
シールド真上の地盤に空隙が発生した範囲

縦断面図

縦断図　S = 1:1,600
シールド真上以外の地盤にも空隙が発生したと想定される範囲
この範囲は、過剰排土が実施されても、地盤変状の確認なし。（2639R～2646R 付近）
下記　範囲　Cと同程度と想定される。
最大空気注入量
83.2m³（2787R）

			範囲A	範囲C	範囲B
地盤変状	シールド横断方向 空隙/空洞関連				空隙
	シールド方向 空隙/空洞関連			空隙	空洞・陥没範囲
	緩み判定		地盤の緩みなし	地盤の緩みあり	
閉塞関連	対策	空気注入			大量の空気注入あり（10m³/リング以上）
		過剰排土	大量の過剰排土あり（10m³/リング以上）		
	閉塞範囲		閉塞発生		
範囲の分類（閉塞対策と変状）			範囲　A（過剰排土のみで地盤変状なし）	範囲　C（過剰排土と空気注入で空隙発生）	範囲　B（大量の過剰排土と空気注入で空洞・陥没等の発生）

口絵 13（p101）図 3-7 閉塞対策と地盤変状の想定関係図

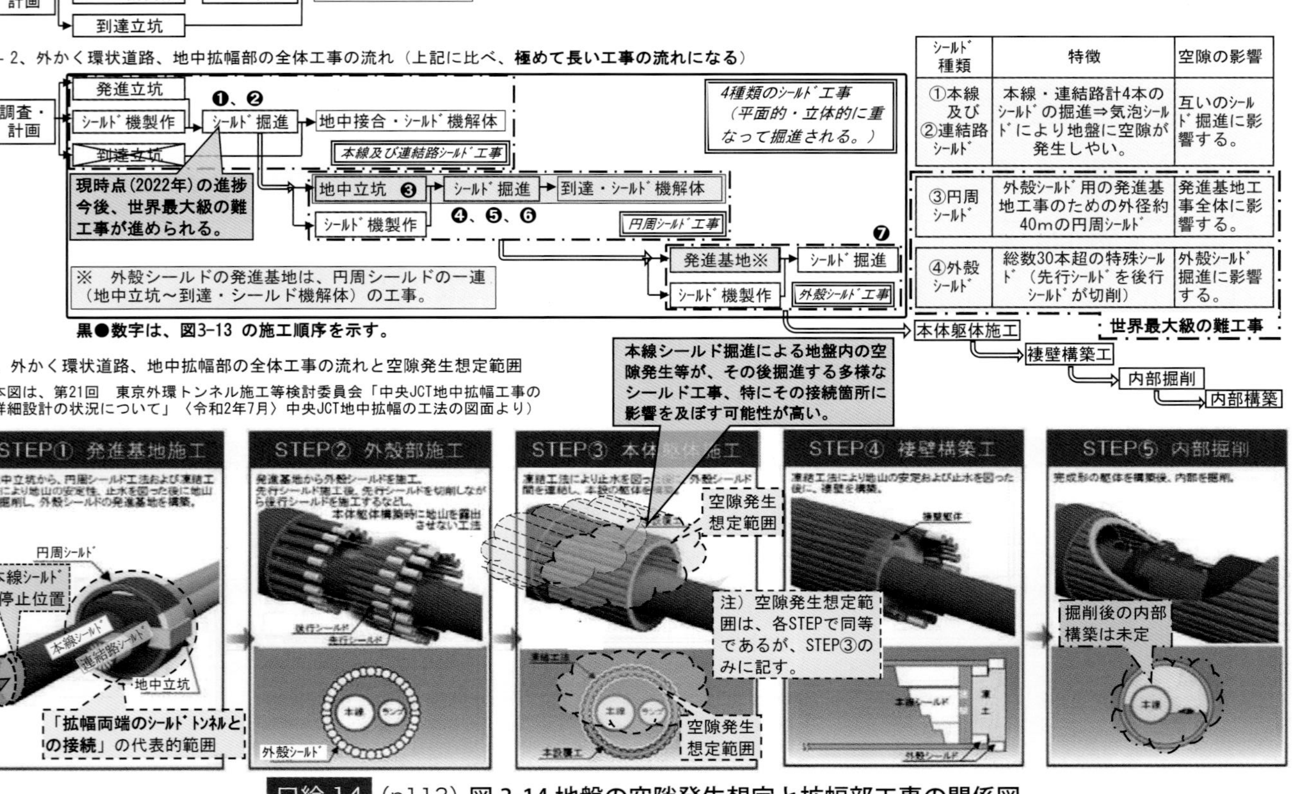

シールド種類	特徴	空隙の影響
①本線及び②連結路シールド	本線・連結路計4本のシールドの掘進⇒気泡シールドにより地盤に空隙が発生しやい。	互いのシールド掘進に影響する。
③円周シールド	外殻シールド用の発進基地工事のための外径約40mの円周シールド	発進基地工事全体に影響する。
④外殻シールド	総数30本超の特殊シールド（先行シールドを後行シールドが切削）	外殻シールド掘進に影響する。

口絵 14（p113）図 3-14 地盤の空隙発生想定と拡幅部工事の関係図

◉ 目 次

第3章　陥没の真相

〈はじめに〉

現在（2022年9月）、東京外かく環状道路（大泉ジャンクションから東名ジャンクションまでの約16.2㎞）の建設が、東京西部の過密な市街地で進められています。このプロジェクトの最初の計画案は、高架方式でしたが、計画は2000年代に入り、トンネル方式に変更され、そのトンネル工事中の2020年10月、トンネルのほぼ真上で、地面が陥没する事故が起きました。その周辺の住民は、大深度法（大深度地下の公共的使用に関する特別措置法〈通称「大深度法」で、以下この名称を記す〉）により「**通常の土地利用に支障が生じないので、実質的な損失はなく、補償は不要**」とされた人たちで、「寝耳に水」、まさしく、生活基盤が壊されてしまいました。

この陥没は、京王線つつじヶ丘駅付近の住宅密集地で発生しました。全体概要は「**図0-1　外かく環状道路（大泉・東名間）全体概要図**」に示す通りです。そのポイントを、専門用語を一部使用して記しますが、以下、二重下線を付けた専門用語は、本文中で説明していきます。

このプロジェクトは、2014年3月、都市計画事業として認可され、2017年2月、東名ジャンクション（以下、ジャンクションをJCTと記す）の立坑（たてこう）で、シールド機（土圧シールドの一つである気泡シールド工法）の発進式が行われ（以上の3つの用語は「**参考1-5：シールド工法**」〈p44〉を参照）、その約3年8ケ月後、2020年10月、立坑位置から北へ約4.5㎞の地点、深さ約50ｍの地盤を掘進（くっしん）（掘進：地中を掘り進むこと）中に、掘進地点の約120ｍ後方（掘進後約1ケ月経ていた地点）で、トンネル真上の地面が陥没しました。

この付近は『東京都（区部）大深度地下地盤図』（文献0-1）に載っているように、砂礫層が深さ30～50ｍ付近にあります。この砂礫層は地下水を多く含み、井戸の水源となっていて、井戸が全国各地にあるのと同じように、どこにでもあるような地層です。また、この砂礫層は高層建築物の支持地盤となり、「堅く締まった地盤」と言われているものの、シールド掘進地盤としては「自立性の低い」地盤と言われ、圧力バランス（以上の3つの用語は、「**参考1-1：『堅く締まっ**

た』地盤と『自立性の低い』地盤」〈p28〉を参照）が保てなくなるとその地盤は自立できず、崩れます。この「堅く締まった」地盤と「自立性の低い」地盤は、一見矛盾した表現のように感じられるかもしれませんが、これが砂礫層の特性であり、この特性が陥没に深く関わっています。

現在、事故解明と対策立案を最優先とし、トンネル工事は停止されています。トンネル本線工事は、この陥没を起こしたトンネルを含め、計４本（東名及び大泉立坑から上下線各２本。各々約8㎞掘進後、中間地点で地中接合）で、シールド工法によって進められていて、今回陥没を起こしたトンネルが、最も工事が進んでいました。現時点（2022年９月）で一部再開したシールドもありますが、陥没周辺でのシールド機は掘進停止中です。

なお、現在トンネル工事は７ケ所で進められていて、本線４本の他に、残り３本は連結路。この連結路は最終的には８本（大泉JCT及び東名JCTで各２本、中央JCTで４本）になり、本線と合分流します。つまり、８ケ所で合分流のための大規模な拡幅部工事が実施されます（参照：「**図0-1**」及び「**図1-5 外かく環状道路の用地収用等の区分図**」〈後出〉）。

この陥没事故に対して「**東京外環トンネル施工等検討委員会　有識者委員会**（以下、有識者委員会と記す）」が設けられ、その有識者委員会が事故を調査し、その結果は、翌年（2021年）３月に公表され、結論は推定で「事故原因はカッター回転不能時（≒閉塞）に、土砂を過剰に取り込んだことによる」となっています。また、再発防止策が示されているものの、その防止策を実施しても、再度カッターの回転不能が生じる可能性があることを記しており、今回の事故原因究明には、「なぜ、カッター回転不能（≒閉塞）が生じたか」という、大きな課題が残っているようです。なお、「土砂を過剰に取り込んだ（≒過剰排土）」とは、必要以上の土砂をトンネル工事で掘削することで、その掘削により地盤内の圧力が低下し、地盤が自立できず、崩れる可能性がある事を示しています。

陥没が発生した周辺には、気泡や地下水が流れやすい砂礫層があり、また、

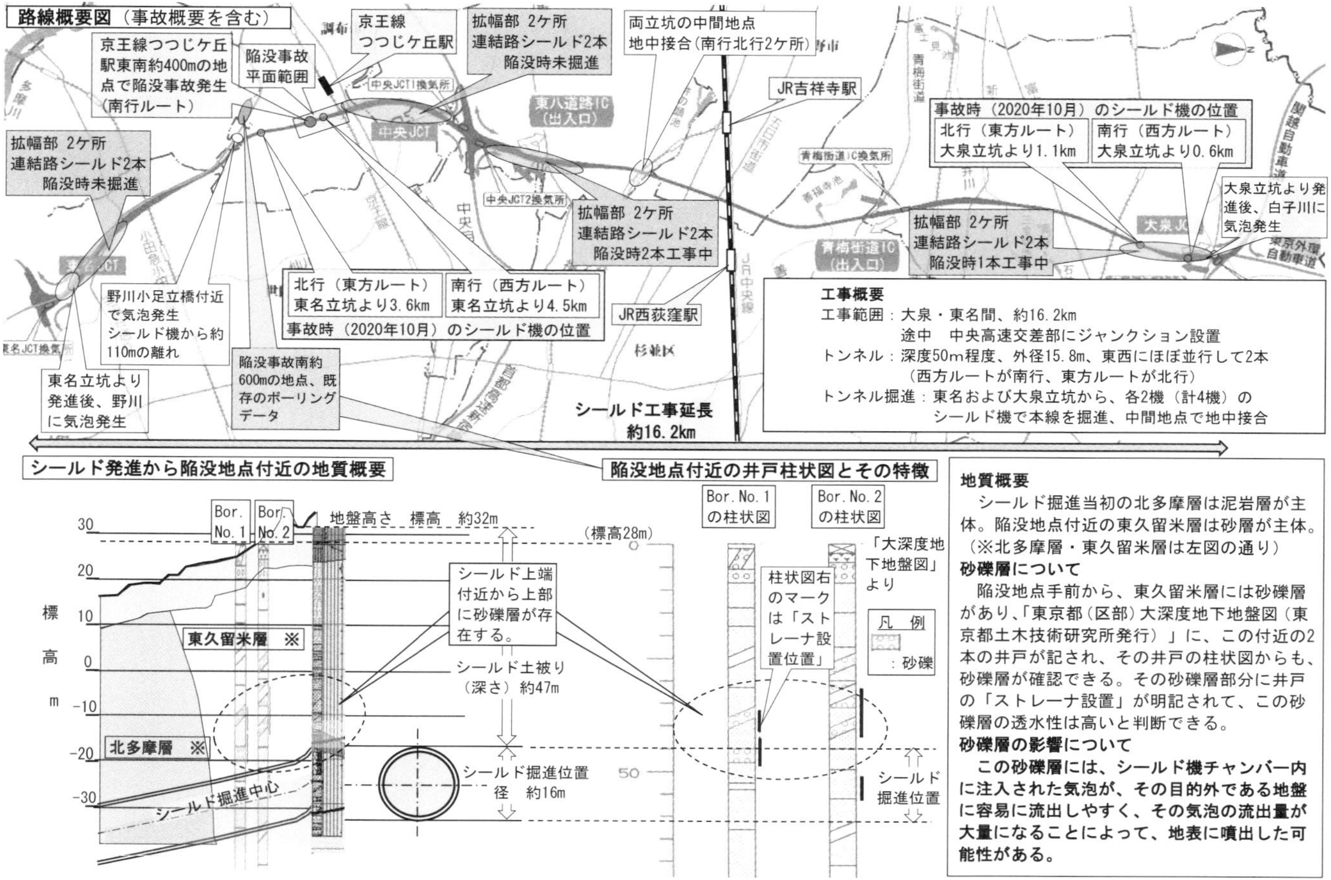

路線概要図（事故概要を含む）

京王線つつじケ丘駅東南約400mの地点で陥没事故発生（南行ルート）

陥没事故平面範囲

京王線 つつじケ丘駅

拡幅部 2ケ所
連結路シールド2本
陥没時未掘進

両立坑の中間地点
地中接合（南行北行2ケ所）

JR吉祥寺駅

事故時（2020年10月）のシールド機の位置

北行（東方ルート）	南行（西方ルート）
大泉立坑より1.1km	大泉立坑より0.6km

大泉立坑より発進後、白子川に気泡発生

拡幅部 2ケ所
連結路シールド2本
陥没時未掘進

拡幅部 2ケ所
連結路シールド2本
陥没時2本工事中

拡幅部 2ケ所
連結路シールド2本
陥没時1本工事中

野川小足立橋付近で気泡発生
シールド機から約110mの離れ

北行（東方ルート）	南行（西方ルート）
東名立坑より3.6km	東名立坑より4.5km

事故時（2020年10月）のシールド機の位置

JR西荻窪駅

東名立坑より発進後、野川に気泡発生

陥没事故南約600mの地点、既存のボーリングデータ

シールド工事延長
約16.2km

工事概要
工事範囲：大泉・東名間、約16.2km
途中　中央高速交差部にジャンクション設置
トンネル：深度50m程度、外径15.8m、東西にほぼ並行して2本
（西方ルートが南行、東方ルートが北行）
トンネル掘進：東名および大泉立坑から、各2機（計4機）のシールド機で本線を掘進、中間地点で地中接合

シールド発進から陥没地点付近の地質概要

Bor. No. 1　Bor. No. 2

地盤高さ　標高　約32m

（標高28m）

標高 m

東久留米層 ※

北多摩層 ※

シールド上端付近から上部に砂礫層が存在する。

シールド土被り（深さ）約47m

シールド掘進位置
径　約16m

シールド掘進中心

陥没地点付近の井戸柱状図とその特徴

Bor. No. 1 の柱状図

Bor. No. 2 の柱状図

「大深度地下地盤図」より

柱状図右のマークは「ストレーナ設置位置」

凡例
：砂礫

シールド掘進位置

地質概要
シールド掘進当初の北多摩層は泥岩層が主体。陥没地点付近の東久留米層は砂層が主体。（※北多摩層・東久留米層は左図の通り）

砂礫層について
陥没地点手前から、東久留米層には砂礫層があり、「東京都（区部）大深度地下地盤図（東京都土木技術研究所発行）」に、この付近の2本の井戸が記され、その井戸の柱状図からも、砂礫層が確認できる。その砂礫層部分に井戸の「ストレーナ設置」が明記されて、この砂礫層の透水性は高いと判断できる。

砂礫層の影響について
この砂礫層には、シールド機チャンバー内に注入された気泡が、その目的外である地盤に容易に流出しやすく、その気泡の流出量が大量になることによって、地表に噴出した可能性がある。

図 0-1 外かく環状道路（大泉・東名間）全体概要図　口絵 1

シールド掘進が始まった頃、気泡が工事周辺の地表及び河川の水面に漏れていたことから、筆者は、この気泡が陥没の一因であると考えていました。

この気泡（空気）は、シールド機前面から、土砂に流動性を持たせて、掘り易くするために注入（有識者委員会等の報告書では「空気注入」と記される）されていますが、使用後は消えて、地盤に大きな影響を与えないと考えられています。確かに気泡とは、泡であり、少量であれば水面で消え去るだけです。

しかし、気泡は地下水面下にある限り消えません。気泡は地表への上昇に伴い、圧力が低下するため、消えるのとは逆で、その量は増加し、かつ体積は大きくなります。そして、大量の気泡が動くとき、水も動き、水が激しく動くと、砂地盤等を浸食し流してしまうように、大量の気泡と水の動きに合わせて砂も動き、自立できなくなり、崩れるのです。このような気泡による水と砂の動き（≒挙動）が科学的に理解されず、対策が立てられなければ、今後も同じような現象は容易に発生します。

このような「ガス（気泡）の挙動」は、ほとんどの科学分野で理解されていません。陥没は地盤破壊の一種であり、この「ガスの挙動」による地盤破壊を説き、類似事故を防止することが本書の目的です。

〈プロジェクトの工事差し止め請求について〉

このプロジェクトに対して、2017年、工事差し止め請求が東京地裁に提出されていました。その決定は2022年2月28日にあり、請求の一部が認められました。その決定内容は、裁判所のホームページ「裁判例検索」で公開されており、その抜粋は以下の通りです。

（事業者は外かく環状道路のうち）**東名立坑発進に係るトンネル掘削工事において，気泡シールド工法によるシールドトンネル掘削工事を行い，または第三者をして行わせてはならない。**

（事件名は、「令和２年（ヨ）第１５４２号 東京外環道気泡シールドトンネル工事差止仮処分命令申立事件」（文献 0-2）。本書とこの決定の切り口は異なりますが、陥没事故関連の記述は似たような内容であり、同ホームページから検索可能。）

同決定の「**当裁判所の判断**」の項に、「（事故の）**再発防止対策の事業者案の策定、有識者による確認が未了**」で、「（住民の）**居住場所に陥没・空洞が生じる具体的なおそれがあるといわざるを得ない**」と記されているように、これまで新聞等で報道されている事業者の再発防止策は、具体的でなく、陥没が再発する可能性が残っているのです。事故後約２年が経とうとしている現在においても、「**再発防止の具体策が未だ示されていない**」とされ、その進展が遅いことも大きな課題と考えられます。

なお、この決定の後、申立人（住民）側は、同年３月 14 日に抗告（抗告：裁判に対して不服を申し立てる簡易な上訴手続）しており、東京地裁の工事差止命令と申立人側の抗告及びそれらに関係する内容の要点を、第３章の最後（p114、115）に、補足説明として示します。

このプロジェクトは、社会的に極めて有用で、各方面から速やかな完成が望まれており、事故原因を正確に捉え、その抜本的な対策の実施が不可欠です。以下、陥没時の各種データと筆者独自の考察より、工事差し止めとなった気泡シールド工法で使用されている「気泡（空気注入）」が、今回の陥没の原因であったことを、科学的検証に基づき示します。本書に記す提言は、陥没原因の究明及び再発防止対策策定の一助になり、その進展に貢献すると考えます。是非ご一読・ご理解いただきたいと思います。

〈拡幅部工事について〉

事業者が、記者発表資料（平成 27〈2015〉年 12 月、〈文献 0-3〉）で「**大深度の高圧力のなか地中でシールドトンネル同士を非開削によって切り拡げる**」拡幅部工事は、「**世界最大級の難工事**」と説明しているだけでなく、学術経験者等による東京外環トンネル施工等検討委員会（目的は、「このプロジェクトにおけるトンネル構造・施工技術等に関する技術的な検討を行うこと」で、平成 24〈2012〉年７月に設置。以下、検討委員会と記す）も「**世界でも類を見ない規模の、技術的困難さを伴う工事**」であると公表しています。その難工事の１つが、中央 JCT 南側南行拡幅部工事で、シールド機停止地点の北、約 160 m の距離に位置しています（参照：「**図 1-5 外かく環状道路の用地収用**

等の区分図」〈後出〉)。ただし、この拡幅部上部は後述するように地表面から40 m以浅の深さにあり、大深度法の適応外で、この用地に対しては地上権設定がされます。

そして、この検討委員会はこの拡幅部の工法に関して、その考え方をまとめてはいるものの、「**今後、詳細な技術的検討、検証を加えることが 必要であり、実際の施工までに、本検討委員会を含め、関係者が協力して更なる技術の研鑽に努めるべきである**（平成28〈2016〉年3月)」と公表している通り、まだ、施工に至っていない状況下、検討・検証中で、その拡幅部工事の全容は明らかでありません。したがって、本書では、既に起きてしまったこの陥没に焦点を当てることとし、大深度法の適応外で、かつ、必要とされる新技術（≒更なる技術）の開発実態が未だ明らかでない拡幅部工事については、その概要と陥没に関係する内容のみを記します。

第1章 プロジェクト

▼1－1 プロジェクトの概要

この陥没は、一瞬の出来事でしたが、計画初めから、たくさんの複雑な要素が絡んでおり、陥没原因の真相究明の前に、先ず、計画初めから陥没に至るまでの経緯を簡単に振り返ります（参照：「**図 1-1 外かく環状道路を含む 3 環状高速道路の概要図**」）。

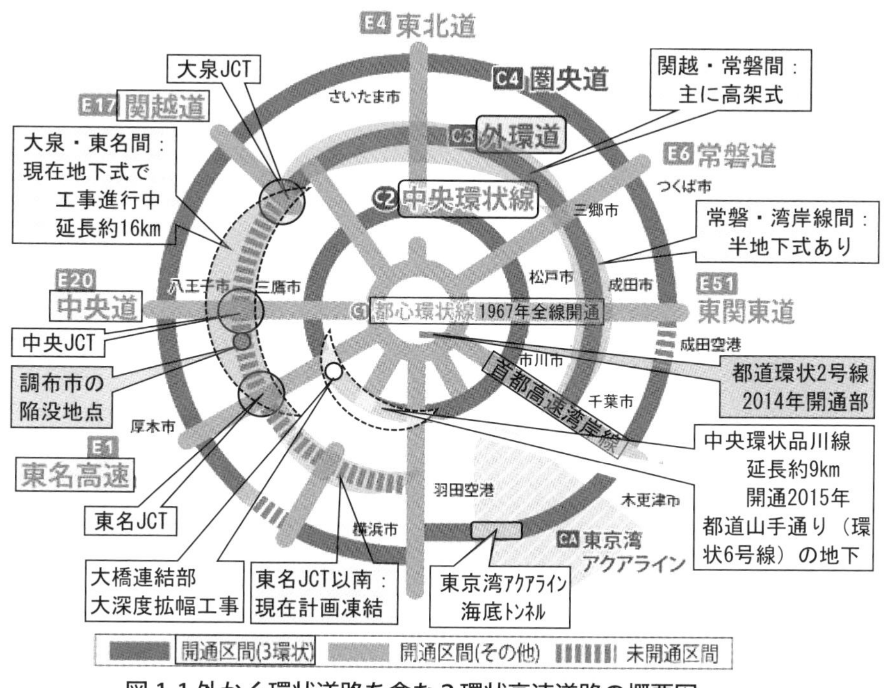

図 1-1 外かく環状道路を含む 3 環状高速道路の概要図

このプロジェクトは、前回の東京オリンピック開催の2年後1966年、東京を中心に郊外約15㎞の環状の高速道路として、都心部への通過交通量を抑えるために、全線高架方式で計画されました。その後、大泉JCT以東は建設が進み、1994年までに、東京都大泉から埼玉県三郷市まで（関越・常磐間）は、ほぼ高架方式で開通し、さらに、2018年には、三郷市から千葉県市川市まで（常磐・湾岸線間）、一部地下化され開通しました。しかし、本書に関わる大泉・東名間は、過密な市街地に計画されたため、用地買収及び建設後の周辺への騒音等の問題が大きく、高架方式での計画はほぼ凍結されたような状況が長く続いていました。

高速道路には、高架方式以外に地下（≒トンネル）方式（参照：「**表1-1 高速道路の方式比較**」）があり、東京都心部でも部分的に地下方式が採用されていましたが、ほとんどはその設置深度が比較的浅く、1990年代まで、地下方式は開削トンネル（参照：「**表1-1**」及び「**表1-4 トンネル工法の比較**」〈後出〉）が主体であり、複数の車線を確保する大断面（直径14 m級）のシールドトンネルの実績は、東京湾アクアライン（1997年完成）だけでした。また、このトンネルは全線が海底下に設置され、地表からの合分流を必要としない単純な構造形式であり、大断面のトンネルを地中で合分流させるとの発想はあっても、後述の中央環状線大橋連結部での拡幅部の事例でも記していますが、技術的に難しく、建設は困難と考えられていました。

その困難さは、「**表1-1**」に示す通りであり、高架及び半地下方式による本線との合分流の構造は、本線と類似の形状で建設できるため、建設技術上の課題は大きくないのに対し、地下方式による本線との合分流の構造は、大規模化・複雑化するため、本線と同様の形状で建設することはできず、建設技術上の課題は大きく、特に、次の「**参考1-1**」に記すように、「自立性の低い」地盤において、合分流部の複雑な構造を建設する時、その地盤は崩れやすく、建設技術上の課題はさらに大きいのです。

表 1-1 高速道路の方式比較

方式		高架方式	半地下方式	地下方式（本線部）	地下方式（拡幅部）
工法		橋梁	トンネル		
			開削トンネル	シールドトンネル及び山岳トンネル	
用地	所有権	用地買収	用地買収	大深度法により、土地所有変更なし	区分地上権（大規模化により広い範囲が必要）
	手続き	長期化	長期化	簡素化	短期化が可能
	家屋	全て撤去	全て撤去	既存のまま	既存のまま
	権利	―	―	地下の深い部分のみ制限を受ける（例：支持層までの杭打ちは可能）	浅い範囲は使用制限なし（例：支持層までの杭打ちは制限を受ける）
環境	振動・騒音	大きい	比較的小さい	小さい	小さい
	大気汚染	大きい	比較的小さい	小さい	小さい
	地盤沈下	小さい	比較的小さい	施工条件・工法等により差がある。	
実施例	外かく環状道路	関越・常磐道間	常磐道・湾岸線間	関越道・東名高速間（本線部）	関越道・東名高速間（連結部）
	その他の高速道路	一般的で多数実施例あり	常磐道柏IC付近等	実施例あり（中央環状線は、大深度法の対象ではなく、大部分を公道下に設置）	実施例なし（類似実施例　中央環状品川線大橋連結部。ただし、規模は、外かく環状道路のように大きくなく、公道下に設置）
本線と拡幅部の規模の差異		約1.5倍	約1.5倍	外かく環状道路 4倍以上	（地盤の自立性が低く、断面の大規模化）
				中央環状線 約2倍	（地盤の自立性が高く、断面の非大規模化）
概要図		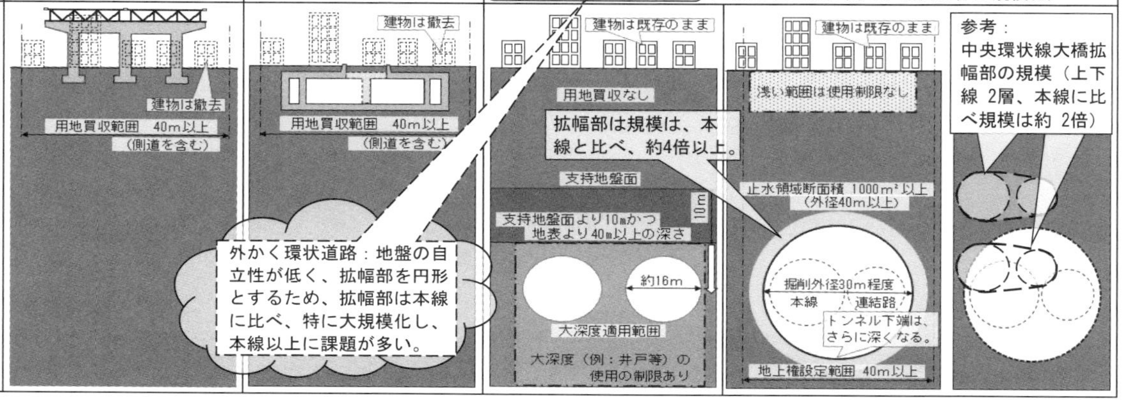 建物は撤去 用地買収範囲　40m以上 （側道を含む）	建物は撤去 用地買収範囲　40m以上 （側道を含む）	建物は既存のまま 用地買収なし 拡幅部は規模は、本線と比べ、約4倍以上。 支持地盤面 10m 支持地盤面より10mかつ地表より40m以上の深さ 約16m 大深度適用範囲 大深度（例：井戸等）の使用の制限あり	建物は既存のまま 浅い範囲は使用制限なし 止水領域断面積 1000m²以上（外径40m以上） 掘削外径30m程度 本線 連結路 トンネル下端は、さらに深くなる。 地上権設定範囲 40m以上 参考：中央環状線大橋拡幅部の規模（上下線 2層、本線に比べ規模は約 2倍）

外かく環状道路：地盤の自立性が低く、拡幅部を円形とするため、拡幅部は本線に比べ、特に大規模化し、本線以上に課題が多い。

参考１－１：「堅く締まった」地盤と「自立性の低い」地盤

大深度地下の地盤は「堅く締まった」及び「自立性の低い」と表現されますが、その意味は以下の通りです。

「**大深度地下は堅くよく締まった地盤で構成されている**」と、「**大深度地下使用技術指針・同解説**」（文献 1-1）の「**第５章　大深度地下施設の設置に際し考慮すべき事項**」の項で、記されていますが、この「堅く締まった」とは、建物の支持地盤として評価した場合の表現です。

一方、トンネル掘削地盤として評価すると、同じ地盤が、検討委員会の資料等にも記されているように、「自立性の低い」と表現されます。なぜなら、地盤内には地下水があり、地下水の圧力（水圧）が作用していて、通常は圧力バランスが保たれていますが、トンネル工事で地盤が掘削されると、その地盤の掘削面の圧力は大気圧だけになり、圧力バランスが大きく崩れ、その掘削面では地盤内の水圧を保持できないため、地下水が掘削面に流出し、同時に土砂も流出してしまうからです。つまり、その掘削面で、地盤は自立しなくなるのです。特に、大深度では水圧が大きくて、地下水の流出量も多く、その流出に土砂が追随して流出し、崩れて、地盤は自立できないのです（参照：「**図 1-2　『硬く締まった』地盤と『自立性の低い』地盤**」）。

このような地盤の特性の理解は、大深度でのトンネルの計画・建設を論じるに当たり、不可欠です。

なお、トンネルの主な工法としてシールドと山岳トンネルがあり、シールド工法で用いられるシールド機は外殻等で覆われていて、掘削面で水圧を保持しやすいのに対し、山岳トンネル工法には外殻はなく、掘削面で水圧を保持することはできません。各々の水圧保持の概念図は「**図 1-2**」に示す通りで、工法の概要は後述します。

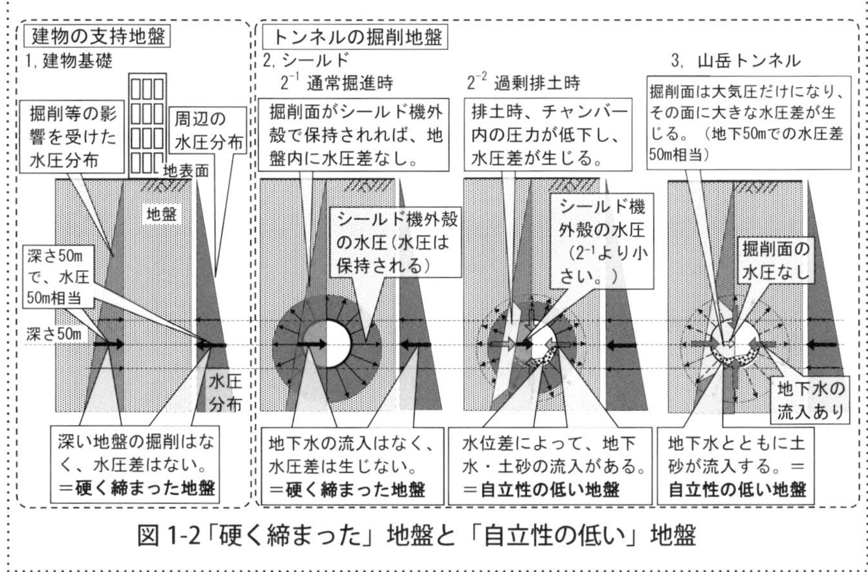

図 1-2「硬く締まった」地盤と「自立性の低い」地盤

シールドトンネルの技術開発によって、トンネル工事の安全性・確実性が向上し、1990 年代頃から、深い地盤でシールド工事が実施されるようになり、特に、2000 年代の次の 2 つの出来事が、このプロジェクトを推進させました。

①大深度法の成立

②中央環状線（新宿・品川線）の地下化への都市計画変更（トンネル方式による合分流工事が採用される）

（参照：「**参考 1-3：『大深度法』の成立**」及び「**図 1-8 中央環状品川線大橋拡幅部概要図**」）

それらを経て、2007 年 3 月、外かく環状道路のこの区間はトンネル方式に都市計画変更が決定され、2012 年に着工。その頃、開通は 2020 年を目指すとされていましたが、陥没事故が起きた現在、開通の目途は立っていません。

なお、この区間より南側、つまり東名 JCT 以南は、未着手です。現在、大泉・東名間の工事が優先して進められており、東名以南の区間は、国土交通省・東京都・川崎市の 3 者による計画協議会で協議が進められているものの、凍結されたままになっています（参照：「**図 1-1**」〈前出〉）。

参考１－２：外かく環状道路と関連道路

首都圏には、東京を中心に高速道路の環状線が３路線あり、その内の１路線が、本書で取り上げる外かく環状道路で、その内側が中央環状線、外側が圏央道（正式名称「首都圏中央連絡自動車道」）です。各々の計画延長と開通済延長は、「**表 1-2　３環状線の計画概要と進捗状況**」の通りで、外かく環状道路は、地下化を含め多くの課題があり、開通比率は低く、進捗は最も遅れています（参照：「**図 1-1**」〈前出〉）。

表 1-2 ３環状線の計画概要と進捗状況

名　称	計画延長	開通済延長	開通比率	都心からの距離	備　考
中央環状線	約 47km	約 47km	100%	約 8km	
東京外かく環状道路	約 85km	約 50km	約60%（最も遅れている）	約 15km	当区間16.2km、全体の約20%
首都圏中央連絡自動車道	約 300km	約 270km	約　90%	40～60km	

３本の環状の高速道路以外に、東京都内には「**図 1-3 東京都内環状線概要図**」に示すように、８本の環状の一般道路があります。そのうちの一つ、環状２号線（正式名称「東京都市計画道路幹線街路環状第２号線」、通称「マッカーサー道路」と呼ばれる）も、この外かく環状道路と同じように、計画決定後、長い凍結期間があって、2014 年、新橋付近の約 1.4kmが開通しました。この計画は、終戦後直ぐに決定され、約 70 年を経ていました。この道路予定地は、商業地で地価が高かったことが、この事業を推進する上で大きな障害となっていましたが、「立体道路制度（道路の区域を立体的に定め、それ以外の空間利用を可能にすることで、道路の上下空間での建築を可能にし、道路と建築物等との一体的整備を実現する制度）」が、平成元（1989）年に創設され、道路上に建物を建てることが可能になり、その制度が、周辺の再開発事業と道路事業を推進しやすくしました。この道路は、港区の虎ノ門ヒルズ（地上 52 階、地下５階の建物）の地下階部分を通っており、外かく環状道路同様、社会のニーズに合わせた、国の法律の改正等により、開通させることができたと言えます。

この道路の開通により、地域の利便性は向上しましたが、これら8つの環状の一般道路には、未だ、手つかずの状態になっている区間が、「**図 1-3**」に示す通り、点在しています。道路整備は、利便性の向上だけでなく、防災上も重要ですが、同図から分かるように、都心部（1 ～ 5 号線）に未完成区間が、特に多く、その地域の課題は解消されないままになっています。

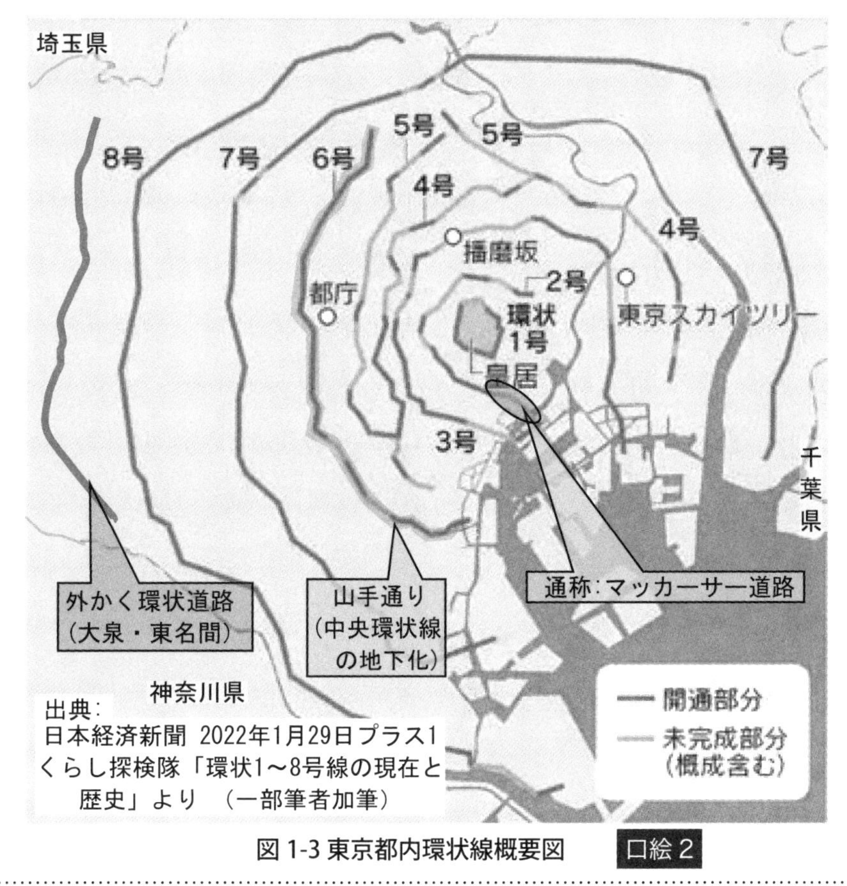

図 1-3 東京都内環状線概要図　口絵 2

最も内側にある中央環状線は、外かく環状道路の大泉 JCT 以南と同じように、当初高架方式で計画されました。しかし、都市の過密化等により、長い間、計画が凍結されていた区間（新宿～品川付近）があり、その区間は 2000 年代に地下化に都市計画が変更され、完成した高速道路です。ただし、外かく環状道路が大深度法の適応を受け、民有地の地下に計画されているのに対し、この中央環状線は、民有地を避け、都道山手通りの地下に建設されました。山手通りは、都心部にある８つの環状線の一つで「環状６号線」とも呼ばれていて、一般道である「環状６号線」と高速道路である「中央環状線」は、平面上、ほぼ同じルートにあり、高速道路が地下化されています。この中央環状線の地下化に伴う拡幅部工事に関しては後述します。

参考１－３：大深度法の成立

2007 年 4 月、この区間約 16.2㎞は、地下方式に都市計画変更が決定されましたが、決定には、大きな社会変化があり、2000 年に成立した大深度法が、深く関わっていました（参照：「**表 1-3 外かく環状道路と大深度法等に関わる主要年表**」）。

大深度法の構想は 1980 年代からあったものの、社会のニーズが高まらず一時沈静化していました。しかし、都市圏での地価の異常な高騰等を背景に、地下の合理的利用等を目的として、1995 年「**臨時大深度地下利用調査会設置法**」が成立。その調査会で「（大深度の）**補償については、使用権を設定しても通常の土地利用に支障が生じないので、実質的な損失はなく、補償は不要と推定する**（「臨時大深度地下利用調査会答申　概要〈国土交通省〉」より）」が提言され、この提言を受け大深度法が成立しました。この法律の成立により、大深度に公共のプロジェクトが計画された場合、土地を取得することなく、そのプロジェクトが実施できるようになりました。

ここで、大深度とは、通常は利用されない地下の非常に深い部分を指すとされ、その部分には地上の所有権が及ばず、公共目的であれば使用できるという深さで、大深度地下の定義は、次の①または②のうちいずれか深い方の地下とされています（参照：「**図 1-4 大深度地下の定義**」）。

①地下室の建設のための利用が通常行われない深さ（地下 40m 以深）

②建築物の基礎の設置のための利用が通常行われない深さ（支持地盤上面から 10m 以深）

この法律の成立は、用地買収に必要な期間及び費用の低減に寄与するだけ

表 1-3 外かく環状道路と大深度法等に関わる主要年表

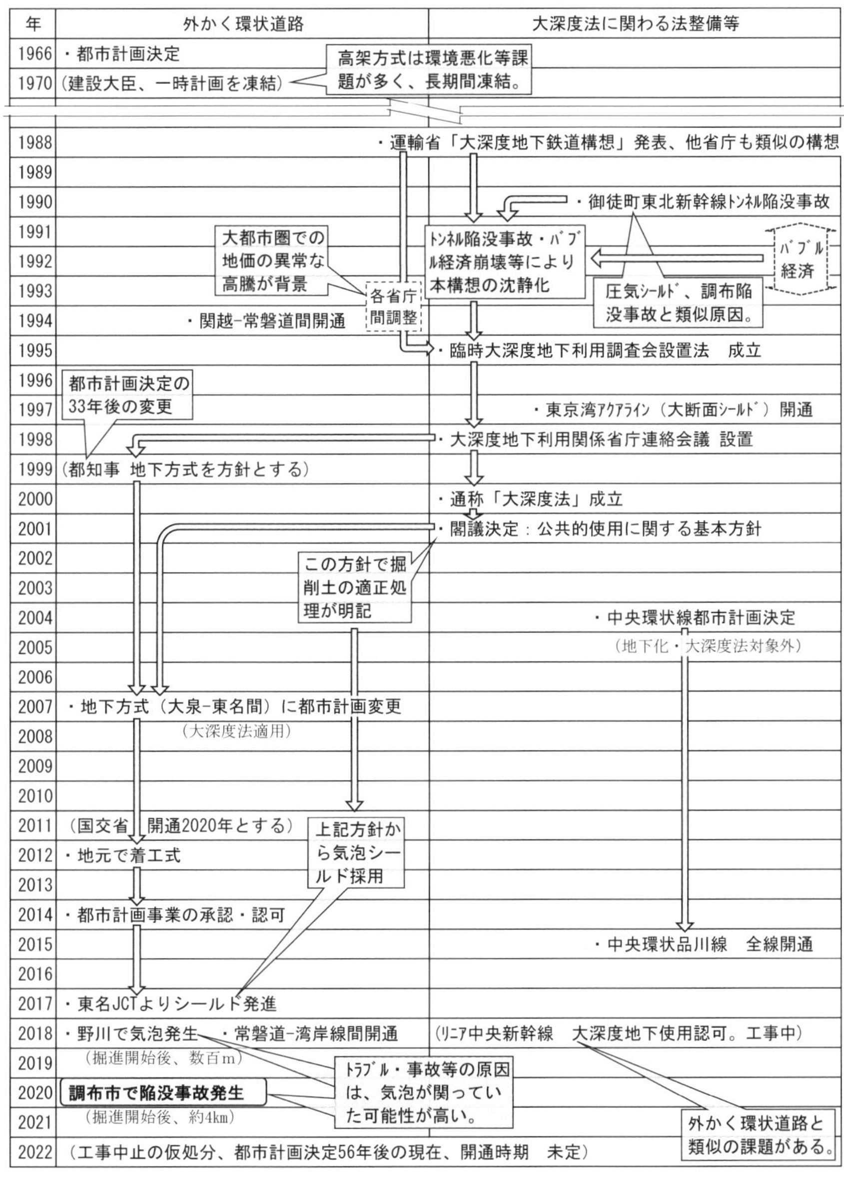

年	外かく環状道路	大深度法に関わる法整備等
1966	・都市計画決定	
1970	（建設大臣、一時計画を凍結）	
1988		・運輸省「大深度地下鉄道構想」発表、他省庁も類似の構想
1989		
1990		・御徒町東北新幹線ﾄﾝﾈﾙ陥没事故
1991		
1992		
1993		
1994	・関越-常磐道間開通	
1995		・臨時大深度地下利用調査会設置法　成立
1996		
1997		・東京湾ｱｸｱﾗｲﾝ（大断面ｼｰﾙﾄﾞ）開通
1998		・大深度地下利用関係省庁連絡会議 設置
1999	（都知事 地下方式を方針とする）	
2000		・通称「大深度法」成立
2001		・閣議決定：公共的使用に関する基本方針
2002		
2003		
2004		・中央環状線都市計画決定
2005		（地下化・大深度法対象外）
2006		
2007	・地下方式（大泉-東名間）に都市計画変更	
2008	（大深度法適用）	
2009		
2010		
2011	（国交省　開通2020年とする）	
2012	・地元で着工式	
2013		
2014	・都市計画事業の承認・認可	
2015		・中央環状品川線　全線開通
2016		
2017	・東名JCTよりシールド発進	
2018	・野川で気泡発生　・常磐道-湾岸線間開通	（ﾘﾆｱ中央新幹線　大深度地下使用認可。工事中）
2019	（掘進開始後、数百m）	
2020	**調布市で陥没事故発生**	
2021	（掘進開始後、約4km）	
2022	（工事中止の仮処分、都市計画決定56年後の現在、開通時期　未定）	

でなく、道路の地下化による騒音等の減少効果があり、外かく環状道路等のプロジェクト推進に弾みがつきました。

なお、大深度法自体は「憲法で保障された財産権を侵害する」等の違憲性が指摘されていますが、本書のメインテーマでないため、触れません。

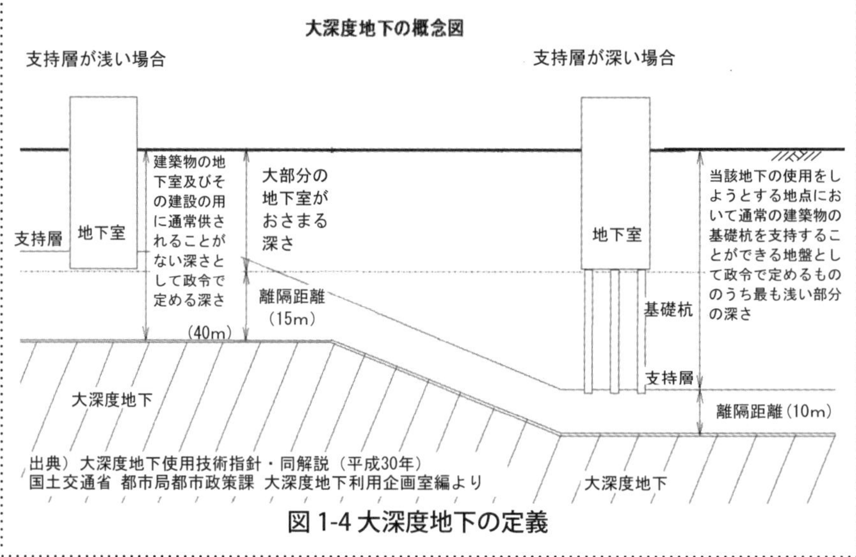

図 1-4 大深度地下の定義

▼1－2　大深度法の課題

大深度法により、土地の買収及び地上権設定の２つの方法による取得なしで、大深度にトンネルを計画・建設することが可能となりましたが、すべての構造物を大深度に計画・建設することはできません。特に、道路には地表からの合分流が不可欠であり、その地表付近に建設する道路の用地は、従来と同じように、土地の買収又は地上権設定をしなければなりません。実際、このプロジェクトの土地取得形式は事業者である国土交通省等の資料によれば「**図 1-5 外かく環状道路(大泉・東名間)の用地収用等の区分図**」の「外かく環状道路の全体図」に示す通りとなっています。

ただし、合分流等の構造が複雑なため、このように単純に区分けすることはできません。一例として、「中央 JCT 南側平面概念図」を、同図に示しますが、

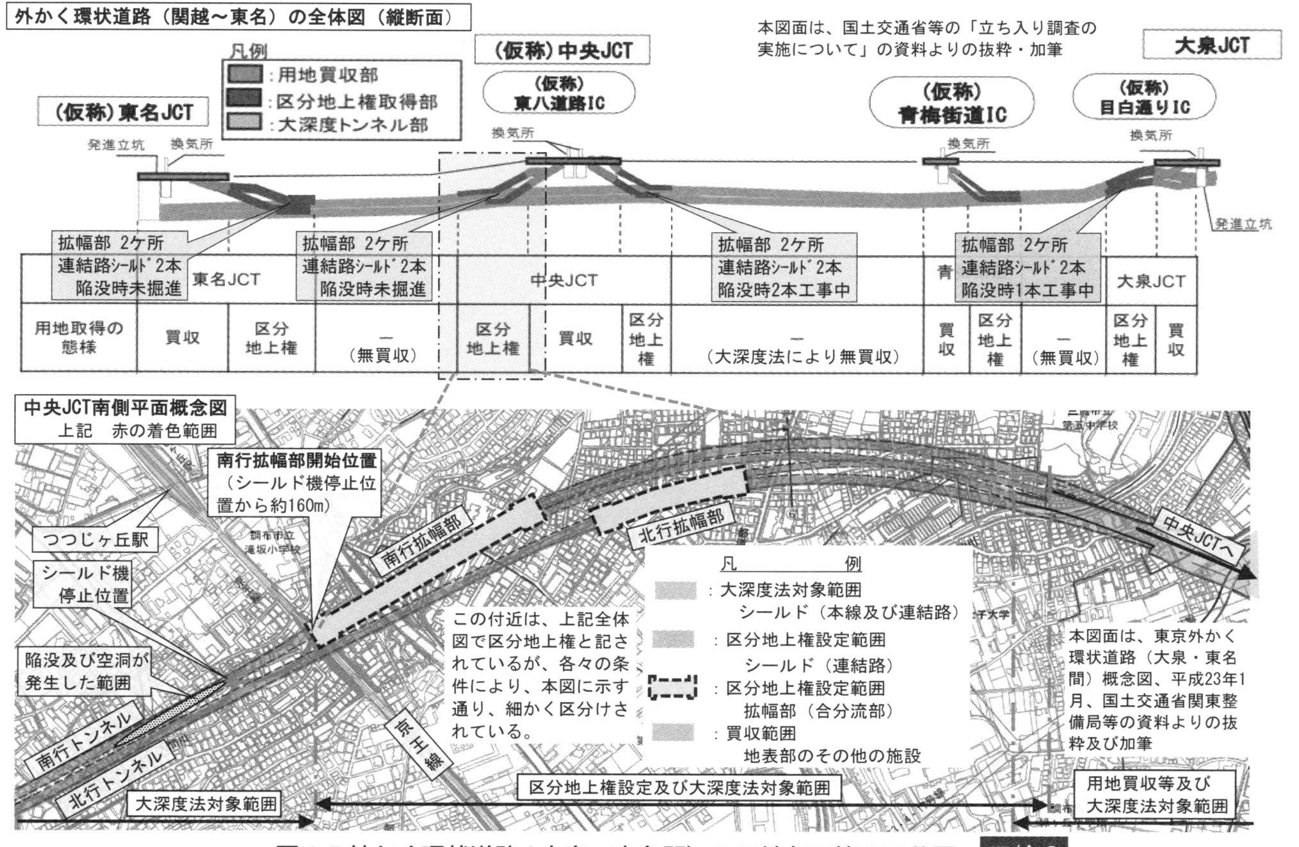

図 1-5 外かく環状道路（大泉・東名間）の用地収用等の区分図　口絵 3

大深度法による無買収（大深度法対象範囲）以外の区域が、各所に点在しており、その区分けは複雑です。なお、この中央 JCT 南側南行拡幅部始点は、同図の通り、京王線との交差部付近で、シールド機停止位置に近く、約 160 mの距離です。大深度法は、用地取得等の面でプロジェクトの推進を容易にしましたが、新たな課題が生じています。その新たな課題とは、次の 2 点です。

①地上権設定範囲と大深度法適応範囲が、隣接して混在しています。その実態は、図面上で理解できても、地上で暮らしている人は、全く理解できません。少なくとも、各戸の地下及びその近傍で、どのような工事が進められるか、そして、その工事には、どのようなリスクがあるか、最低限理解することは住民の権利です。

②道路の合分流部が深くなったため、その深い部分で大規模な拡幅部工事が実施され、その工事の難度は、事業者も「**世界最大級の難工事**」と説明している通り、格段に高くなりました。

難度の高くなった工事については、「**参考 1-4：合分流部（拡幅部）の課題**」に記します。ただし、拡幅部の上端は、地下 40 m以浅で、大深度法の適応外となり、その地下工事範囲の用地は地上権設定がされます（参照：「**図 1-5**」及び「**図 1-9 外かく環状道路拡幅部計画概要図**」〈後出〉）。

参考１－４：合分流部（拡幅部）の課題

都市部では、大深度法成立の前から、地下 40 m以深でトンネルが数多く建設されています。ただし、それらは、上下水道等の管路トンネル（主に人の移動以外に使用されるトンネル）であり、「**図 1-6 トンネル構造の比較図**」に示す通り、道路や鉄道トンネルと異なり、小規模な立坑部で合分流できる構造で、それら工事の難度は、あまり高くありません。

管路トンネルに対し、鉄道・道路トンネルでは、車両及び自動車の安全な走行性確保が不可欠で、合分流する二つの線路又は道路の間隔を、徐々に狭くさせる必要があるため、その合分流部分が長くなり、構造が大規模化します。ただし、鉄道では駅が深くなっても、その出入りは人だけのため、地下深部での線路の合分流をなくすことが構造的に可能で、鉄道での合分流に関

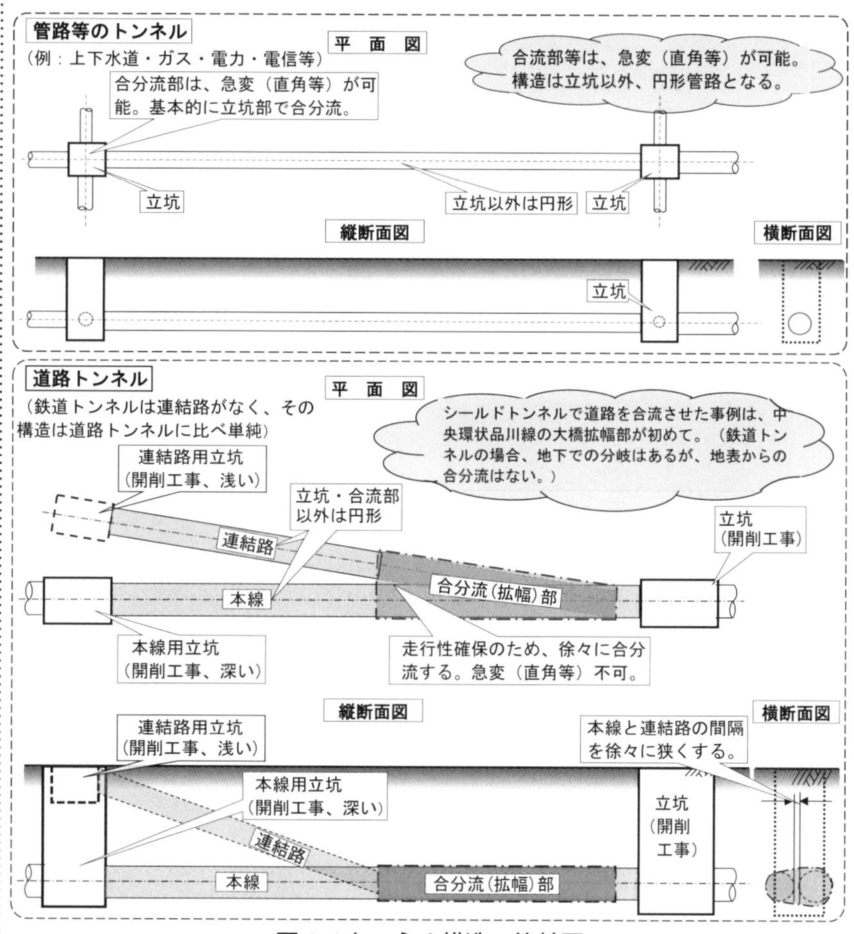

図 1-6 トンネル構造の比較図

する課題は大きくありません。一方、道路では、自動車が走行するための地上と地下深部間の合分流の構造は必須であり、その合分流の計画・建設には、技術的に大きな課題があります。

実際、都心部での深さ約 40 m以上の地下鉄駅（都営大江戸線六本木駅）の完成が 1990 年代であったのに対し、道路トンネルの合分流部（中央環状品川線大橋拡幅部）の完成は 2010 年代でした。そして、両路線とも、大深度法の適応外で、用地買収を極力避けるために、限られた道路（公道）幅内に、上下線が、深度を変え、上下２層に計画されました。さらに、他のインフラが地下の深い箇所に位置しているため、それらの下方に計画せざるを得なくなり、従来の路線に比べ、非常に深くなり、それら工事は、以下に示すように、極めて難度の高い工事となりました（参照：「**図 1-7 六本木駅及びその周辺の駅構造**〈文献 1-2〉」及び「**図 1-8 中央環状品川線大橋拡幅部概要図**〈文献 1-3〉」）。

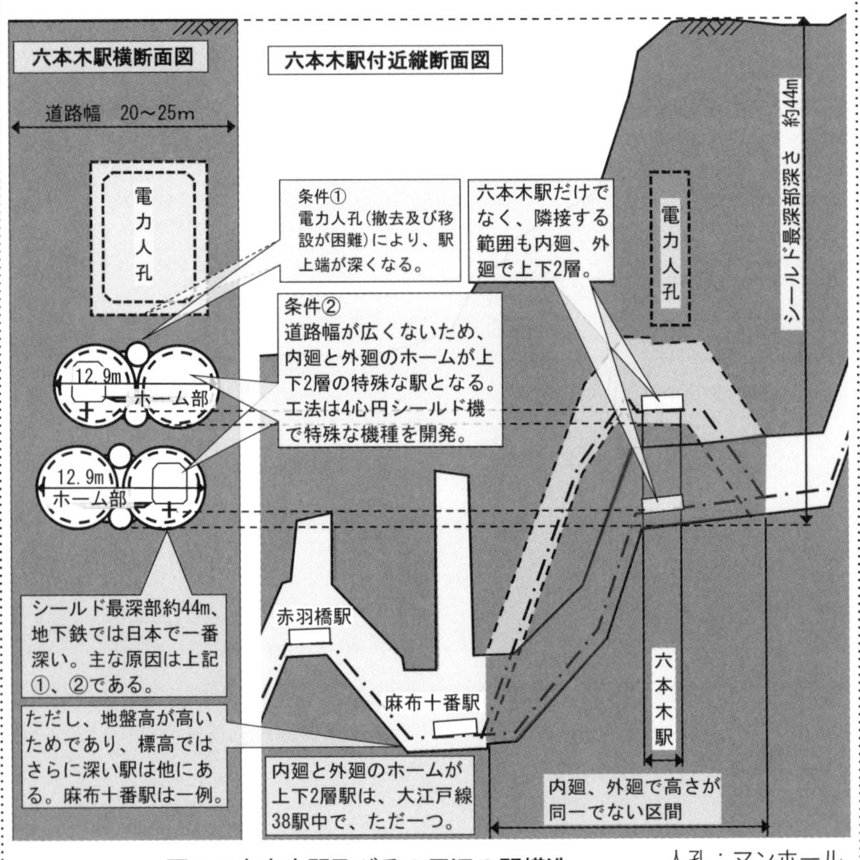

図 1-7 六本木駅及びその周辺の駅構造

人孔：マンホール

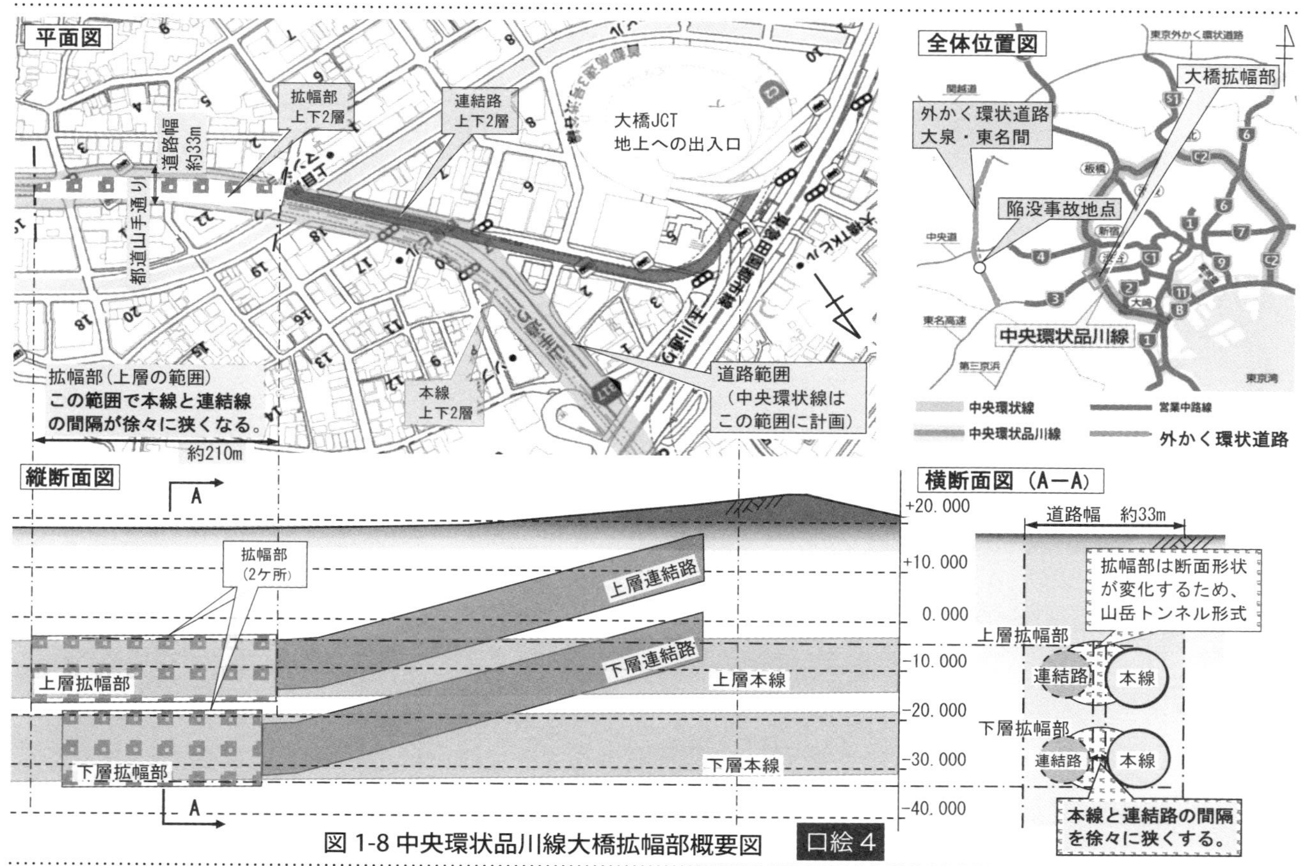

図 1-8 中央環状品川線大橋拡幅部概要図

・大江戸線六本木駅

通常、鉄道の線路断面は、車両走行のため、単円のトンネルになるのに対し、大江戸線六本木駅断面は「**図 1-7**」に示す通りで、車両走行だけでなくホームのため、変則的な形のトンネルとなり、その断面は、大小２つずつの円形を合体させた形で、「４心円シールド」と称されるシールド機が、新たに開発され、そのシールド機によって、上下２層の特殊な構造の駅が建設されました。

ただし、シールド機の外殻である筒（この工事では４つの円が合体されたような筒）の形は、掘進途中でその形を自由に変更することはできないため、シールド機でこのような円形以外の形の掘削はできても、合分流部で形が徐々に変化するトンネルを、シールド機で掘削することはできません。したがって、形が徐々に変化するトンネルの工事は、後述の通り、山岳トンネル方式によらざるを得ません。

・中央環状線大橋拡幅部

道路の合分流がある中央環状品川線の拡幅部（大橋連結部と称される）は、上記六本木駅と同じように、道路（都道山手通り）下に計画され、その道路幅の制約で、トンネル本線及び連結路の一対を上下２層に計画したことにより、拡幅最深部は地表下 50 m以上になったことが一つの特徴です。そして、本線及び連結路の単独トンネルは、安全性が高いと言われるシールド工法が採用されましたが、「**図 1-6**」及び「**図 1-8**」に示すように、その本線と連結路の間隔を徐々に狭くする必要があり、断面の形が変化する拡幅部では、「シールド工法より施工の安全性が低い山岳トンネル工法を採用した点」が、最大の特徴でした。

なお、山岳トンネル工法とは、トンネルを掘り進めながら、鉄枠や吹きつけコンクリートでトンネル周辺の地盤を一時的に支え、最後に掘削の外周部をコンクリートで固めてトンネルをつくる工法です。主に自立性の高い地盤で採用されますが、他のトンネル工法と比較すると、「**表 1-4 トンネル工法の比較**」の通りで、シールドのように外殻がないため、その断面形状の変化に対応して掘進することができますが、掘削面に作用する圧力は大気圧だけ

表 1-4 トンネル工法の比較

方式		開削トンネル	非開削トンネル	
			シールドトンネル	山岳トンネル
用地		必要	地上権設定或いは大深度法で対応可能	
経済性		大深度では経済性が低下 （掘削・埋戻量の 増大のため）	大深度でも経済性が高い	自立性が低い地盤では 経済性が低下 （補助工法の増大のため）
構造の自由度		複雑な形状に対応可能	単一断面に対応 （主に円形）	断面形状の変化に対応可能 （主にアーチ形状）
地盤への影響		比較的小さい	比較的小さい	自立性が低い地盤では緩み等が生じやすい
実施例	外かく環状道路	常磐・湾岸線間の一部	大泉・東名間 （本線等）	大泉・東名間 （拡幅部）
	その他の高速道路	一般的で多数実施例あり	中央環状新宿線及び品川線	
			本線及び連結路の単独部	拡幅部
概要図		建物は撤去 埋戻し 開削トンネル （主に矩形形状） 山留壁 深い深度では 経済的でない	建物は既存のまま 用地買収なし シールドトンネル 断面形状は円形・同一。自由度が低い。 主に円	建物は既存のまま 用地買収なし 非シールドトンネル （山岳トンネル） 断面形状の変化が容易、自由度が高い アーチ形状

で、自立性の低い地盤（砂礫層等）では、緩み等が生じやすく、地盤の緩み及び崩れ防止のための補助工法が増大するため、その経済性が低下します。

断面の形を変化させなければならない時、自立性の低い地盤でも、この工法が採用されることもありますが、多様な補助工法（自立性を高くするための地盤補強、或いはトンネル坑内の圧気等）が併用されても、地盤の自立を確保することは容易でなく、シールド工法に比べ、地盤の崩れ等に対する安全性は、低いと言わざるを得ません。

今回の外かく環状道路での合分流の一事例として、中央 JCT 南側の計画を「**図 1-9 外かく環状道路拡幅部計画概要図**」に示します。この拡幅部は、同図に示すように、その最深部が地表から約 70 mで、その掘削形状は円形です。その掘削規模を建物で比較すると、国宝姫路城の五重の建物高さ 31.5 mに匹敵します。前記中央環状線の断面と比べても、断面積は 2 倍以

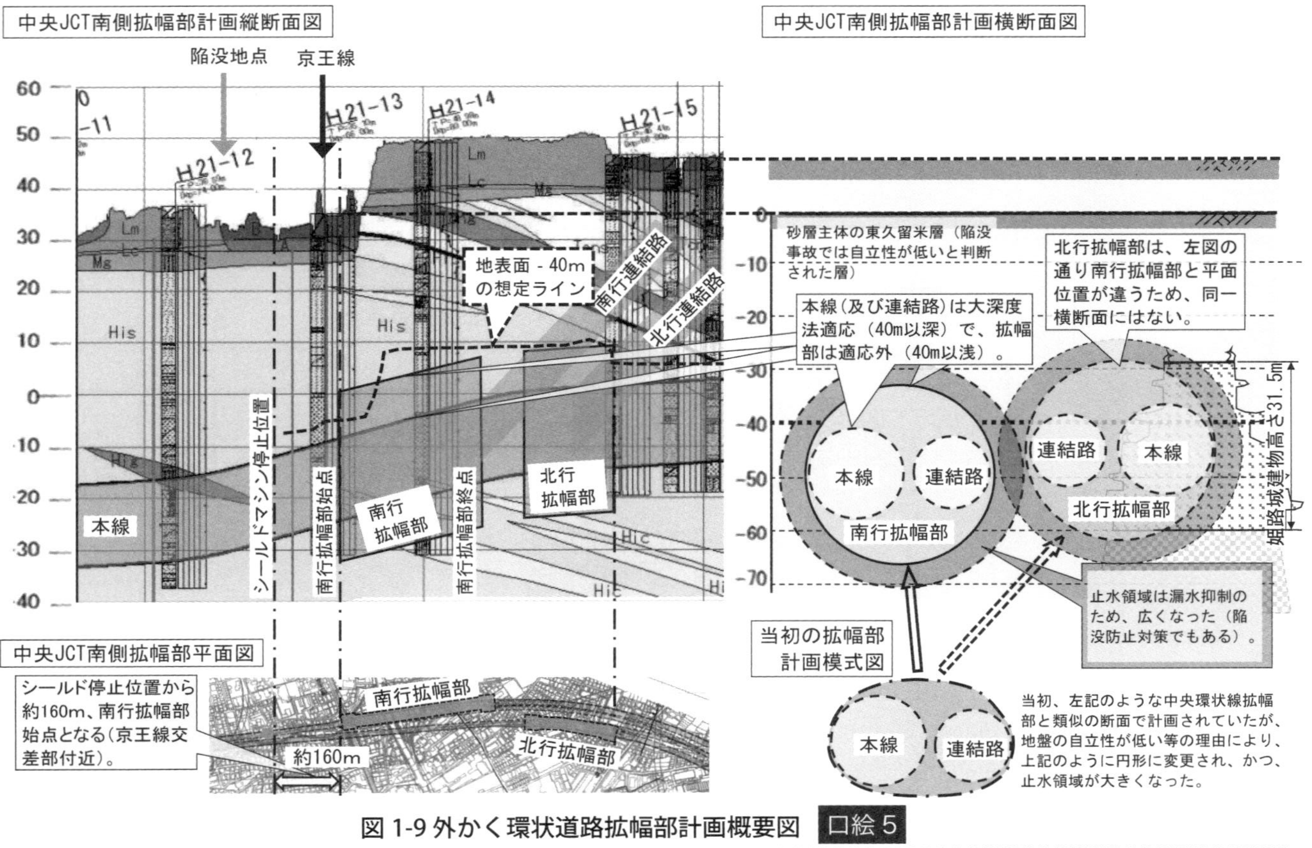

図 1-9 外かく環状道路拡幅部計画概要図　口絵 5

上で、その周囲にはさらに大きな止水領域が必要となります。

その止水領域の必要性について、事業者は「**地中拡幅部の都市計画変更素案のあらまし**（平成26〈2014〉年7月)」で「**地中拡幅部においては、漏水を抑制するための十分な止水領域を確保する。特に地中拡幅両端のシールドトンネルとの接続となる箇所については、より確実に漏水を抑制するための十分な止水領域が必要である**」と説明し、止水領域を確保することにより、「**施工中及び完成後の漏水を抑制できる構造となる**」と記されるだけで、その止水領域の必要性について、具体的な記載はありません。

なぜ、漏水を抑制しなければならないか。それは、大深度地下は高水圧であり、掘削時に漏水が発生しやすく、その漏水によって掘削面で地盤が崩れ、その崩れが影響して、今回の陥没と同じような状況になるだけでなく、さらに大きな陥没が発生する危険性が高いためであり、漏水抑制は欠くことのできない条件です。つまり、このように広い**止水領域**を必要とする漏水抑制とは、陥没防止対策でもあります。

今回の陥没は、シールド工事の掘進地盤である砂礫層が自立性の低い地盤であったこと等が大きな原因と考えられているように、この拡幅部工事の難しさも、地下水の漏水（流出）による地盤の自立性の低さにあり、この二つは深く関係しています。そして、この「**拡幅両端のシールドトンネルとの接続**」とは、拡幅部工事の中でも最も難度の高い工事であり、「**参考3-2：空隙発生と拡幅部工事への影響**〈後出〉」で、その概要を後述しますが、「はじめに」でも記した通り、拡幅部に関しては、陥没に関係する内容を記すだけとします。

参考1－5：シールド工法

(1) シールド工法の特徴と施工概要

シールド工法は、軟弱な地盤が分布する都市部のトンネルを掘る時、近年数多く採用されるようになり、トンネル掘進のための機械がシールド機（参照：「**図 1-13 土圧（気泡）シールド機の概要図**」〈後出〉）です。そのシールド機には、通常筒状の外殻と、シールド機前進のためのジャッキが備え付けられています。そのトンネル掘進に伴い、シールド機内で、順次、リング状にトンネル外周の構造物となるセグメントを組み立て、トンネルを完成させます。

一般的に、トンネル掘進によって、その周辺地盤が緩みやすく、その緩みによって、地盤が崩れることがありますが、シールド工法には、次の２つの特徴があり、多様な地盤でトンネル掘進ができます（参照：「**図 1-10　シールド工法の施工順序**」）。

①外殻：シールド機を厚い鋼製の外殻で覆うことにより、地盤の大きな土圧及び水圧を保持し、掘進中の地盤の緩みを抑える。

②裏込注入：シールド機前進によって周辺地盤とセグメントの間に生じる空間にセメント系の注入材（専門用語では、「裏込注入材」と称す）を充填し、その注入材が固くなることにより地盤の緩みを抑える。合わせて、止水性を確保する。

その施工概要は「**図 1-10**」の通りで、以下、その説明を記します。なお、ここに記す大きさ等は、本線シールドの寸法です。

1、立坑築造

先ず、トンネルの深さまで、地表から立坑を掘削・築造（深さ 50 m以上）し、その中に、シールド機（直径約 16 m、長さ約 15 m、筒状の外殻は厚さ数十㎜の鋼板製）を投入し、所定の位置（深さ約 50 m）に設置する。

2、シールド掘進

2-1、そのシールド機内の後方で、セグメント（リング状で、外径 15.8 m、厚さ 65㎝、幅 1.6 m。1 つのリングは 13 のピースに分割されて、1 つのピース

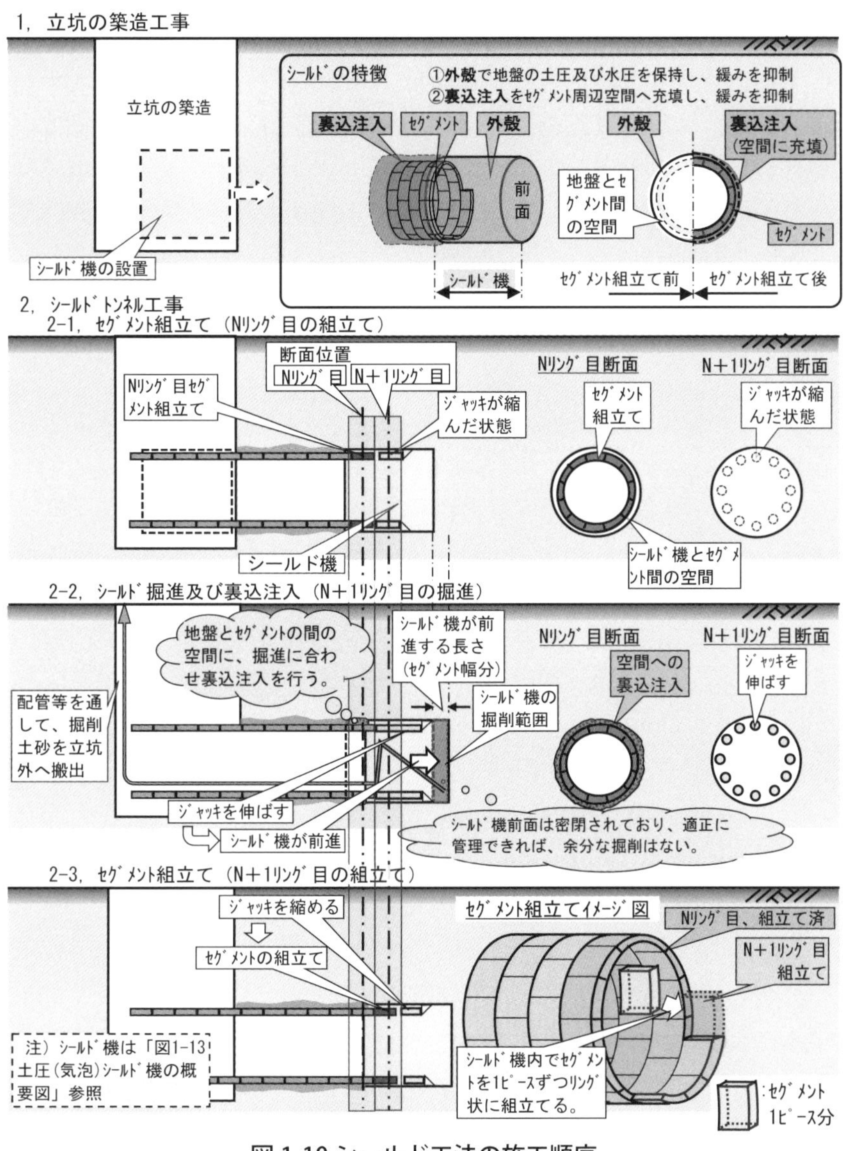

図 1-10 シールド工法の施工順序

の弧長平均約 3.8 m〈15.8 m ×3.14 ／ 13 ≒ 3.8 m〉）を 1 ピースずつリング状に組み立て、トンネル外周の構造物にする。

2-2、リング状に組立てられたセグメントからシールド機推進のためのジャッキ反力を得て、ジャッキを伸ばすことにより、シールド機を前方に推し、かつ、シールド機前面にあるカッターを回転させることにより、前面地盤を削って、シールド機を前進させる。また、そのシールド機前進時、シールド機外殻の後方部が、地盤とセグメントの間から抜け、その部分が空間となるため、その空間に裏込注入材を充填する。

2-3、上記「2-1、2-2」を繰り返し、順次、1.6 mずつ掘進する。

ただし、シールド機前面の圧力保持は、この工法が開発された当初からの課題で、技術開発によってその保持方法は改善されてきているものの、シールド機前面の圧力管理等に課題が残されていて、その残された課題により、今回の陥没事故が起きたと捉えることもできます。シールド機前面の圧力保持の概要は「(3) **シールド工法の分類**」に記します。

(2) シールド工法の進化

現在、日本を含む世界の都市部のトンネル工事で、数多く採用されているシールド工法は、イギリス人 Brunel らによって 1818 年に特許が取得され、当時、ロンドンのテムズ川の河底トンネルで採用されました。日本では、関門トンネルの全延長約 3.6㎞中、海域部の約 700 mの範囲で、採用されました。着工が 1936 年、一部圧気工法も併用され、第二次世界大戦中の 1942 年及び 1944 年に、上下線が各々開通しました。

日本でのシールド工法の本格的採用は、1960 年代からで、1980 年代までは、人間が機械などを使って、シールド機の前面の土砂（＝地盤）を掘る開放型シールドが主流であり、シールド機前面の地盤をほぼ垂直に掘っても、その地盤が崩れないことが前提でした。そのため、トンネル断面の大きさ、深さ等に多くの制約があり、軟弱な地盤では、必ずしも適した工法ではありませんでした。軟弱な地盤でのトンネル掘削を可能にするために、1970 年代より、開放型を抜本的に変える日本独自の技術として開発が進んだ工法が、密閉型シールドです。その頃の社会的ニーズは、下水道等のインフラの普及であり、下水道幹線等の管路トンネル、特に、直径 2～3 m程度の比較的小さな断面のトンネルの建設で、この密閉型が多く採用され、その技術は高度化しました。さらに、多様なトンネルのニーズが高まり、大断面のトンネルでも密閉型が採用されるようになり、1997 年完成の東京湾アクアラインはその代表例です（二重下線は「**(3) シールド工法の分類**」を参照）。

そして、この安全性が高いと判断されたシールド工法の実績等を踏まえて、東京湾アクアライン完成から 3 年後の 2000 年に大深度法が成立し、大泉・東名間の外かく環状道路は、同法に基づいて大深度地下許可承認を受け、工事が進められています。しかし、軟弱な地盤等では山岳トンネルの安全性は必ずしも高くなく、大深度地下での山岳トンネルの採用には課題があり、それは拡幅部工事の課題でもあり、後述します。

(3) シールド工法の分類

シールド工法は、シールド機前面の形式の違いにより、開放型と密閉型の 2 つに分類され、さらに、その前面の圧力保持方式の違いにより、「**図 1-11 シールド形式の分類**」のように細分化されています。

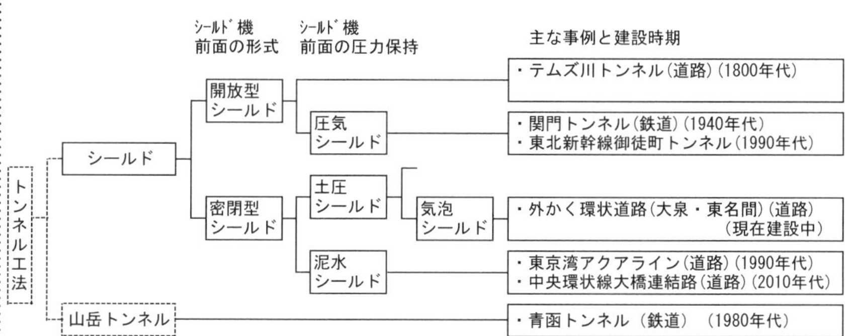

図 1-11 シールド形式の分類（山岳トンネルを含む）

① 開放型シールド工法

（参照：「**図 1-12 シールドの種類別　シールド機前面の圧力保持概要図**」）

開放型シールド工法は、開発初期のタイプであり、シールド機前面が軟弱で崩れやすい地盤条件で、開放型シールドを採用する場合、補助工法により地盤を崩れないようにする必要があります。その一つの方法として、シールド坑内に隔壁を設置（参照：「**図 1-12** の圧気シールド」）し、隔壁からシールド機前面までのトンネル坑内に圧気（圧縮空気）を送って気圧を上げ、シールド機前面の地盤の崩れを抑える工法があり、この工法が圧気シールドで、関門トンネルでも採用されました。ただし、圧気シールドでは、シールド坑内の圧力（内側圧力）の大きさが一様、つまり、シールド機上端圧力と下端圧力が同じ（長方形型圧力分布）であるのに対し、地盤の圧力（外側圧力）は深くなるほど大きい、つまり、上端圧力より下端圧力が大きい（台形型圧力分布）ため、常にシールド機の内外で圧力差があります。そのため、気体が

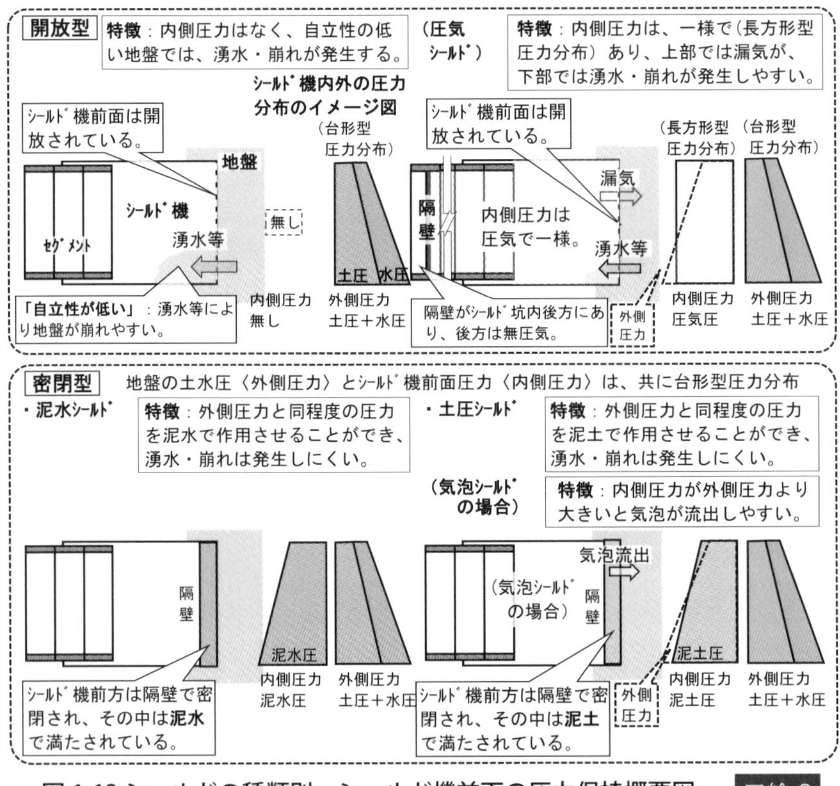

図 1-12 シールドの種類別　シールド機前面の圧力保持概要図　口絵 6

浸透しやすい地盤（砂礫層等）では、漏気等のトラブルが発生しやすく、安全性の低い工法です。

そのようなトラブル例は1990年代頃まで多数あり、気体が浸透しやすい地盤では、その圧気が地表に噴発し、地面が陥没する事故がありました。後述する「御徒町トンネル（東北新幹線）」の陥没事故は、その一事例でした(参照：「**図2-9 御徒町トンネル陥没事故　現場平面概要図**〈後出〉」等〈p76〉)。

②密閉型シールド工法（参照：同じく「**図1-12**」）

密閉型シールド工法は、シールド機前面のすぐ後に隔壁を設置し、最前面に設置したカッターで、その前面の地盤を削って掘進する工法です（参照：「**図1-13**〈後出〉」）。

カッター・隔壁間の狭い空間をチャンバーと称し、カッターで削った掘削土を泥水又は泥土状態にして、そのチャンバー内に充填し、それらに圧力をかけ、カッター前面の地盤の圧力とバランスを保って、トンネル体積分の土量を掘削（≒排土）します。泥水で充填する方法が「泥水シールド」、泥土で充填する方法が「土圧シールド」です。この密閉型では、シールド機前面圧力（内側圧力＝チャンバー内の圧力）と地盤の圧力（外側圧力）とが共に台形型で、内外の圧力差が小さいため、前面の地盤は崩れにくく、特殊な場合を除き、近年このシールド工法が採用されています。

密閉型は、人間によるシールド機前面での掘削等の作業が不要となり、安全性の高い工法です。しかし、前面が密閉され地盤が目視できないため、高度なチャンバー内の圧力管理が必要となりました。その管理の目的は、例えば、地盤の圧力に対し、チャンバー内の圧力が低くなって、計画以上に土量がチャンバー内に入りすぎた場合、つまり、掘削土量（≒排土量）が過剰となった場合、地盤が緩みやすくなるので、その地盤の緩みを防止するためです。

その圧力管理の対象は、泥水シールドが泥水なのに対し、土圧シールドが泥土であり、その性状は、泥水が液体に対し、泥土が半固体（液体と固体の中間的性質で圧力にバラツキが生じやすい）であるため、管理対象が泥土である土圧シールドの方が圧力管理しにくいと言われています。

(4) 気泡シールド工法（土圧シールド）

外かく環状道路で採用されている工法は、「土圧シールド」です。土圧シールドは、チャンバー内の掘削土を搬出しやすい泥土にするために、通常ベントナイト（粘土の一種で、水を吸って膨らむ等の性質がある）等の添加材をその掘削土に加えていますが、今回は添加材に変わり、気泡（空気）が注入されており、この工法が、「**図 1-13** 」に示す土圧シールドの一種である気泡シールド工法です。

気泡シールド工法でも、シールド機前面圧力（内側圧力）と地盤の土水圧（外側圧力）を概ねバランスさせることはできますが、圧力のバラツキ等により、内側圧力が外側圧力より大きくなった場合、その小さな圧力差でも、「**図 1-12** の気泡シールド」に示すように、地盤に気泡（ガス）が流出しやすい。特に、大断面のシールドでは、その流出量が多くなります。なぜなら、大断面では、上下端の深さの差が大きいため、内側圧力と外側圧力の差も大きく、その大きな圧力差によって気泡流出量が多くなります。これまで

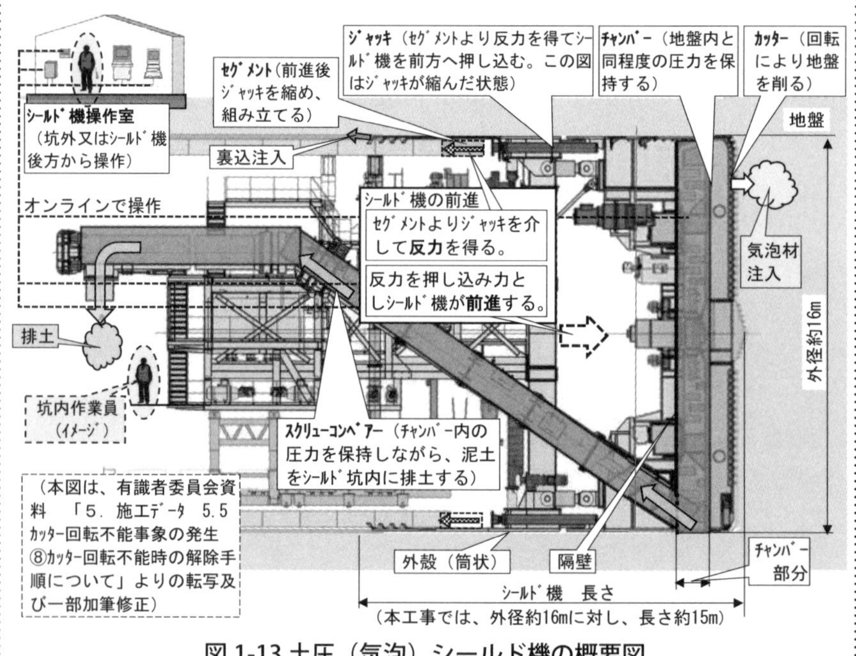

図 1-13 土圧（気泡）シールド機の概要図

も、気泡シールド工事で、時折トラブルが発生していて、特に大断面シールドで、顕著に現れるのでしょうが、その一因が、チャンバー内から地盤への気泡の流出によっていると考えられます。詳細は後述します。

そして、トラブルが発生しても、その対策は検討委員会の報告に「**添加材や圧力を調整し安全な掘進方法を確認しながら掘進**」とあるだけで、気泡流出抑制が考慮されていません。対策の不十分さが、今回の陥没事故につながったと考えられます。

これまで、地中での「ガスの挙動」が課題として認識されたことはほとんどなく、トラブル発生後の検証においても、そこに焦点が当てられたことはありません。

気泡が発生しても、その発生が地盤破壊に影響することは稀で、影響しない場合の方が多く、どの程度の気泡発生量があった場合、地盤破壊に影響するかを明らかにすることは、現状、容易でありません。しかし、今後、同じような陥没を起こさないためにも、気泡発生量による影響を把握する必要があります。今回の陥没の報告の中に、空気注入量も記されており、その報告は気泡発生量（≒空気注入量）と地盤破壊の関係を示す一事例であり、その実態は第3章に記します。

▼1－3　事故の関連課題

(1) 閣議決定：大深度地下の公共的使用に関する基本方針

外かく環状道路は、大深度法の適応を受け深さ40 m以深に計画され、その概要は既に記してきた通りですが、大深度法には計画深さ以外にも規定があります。

同法の第6条に「**大深度地下の公共的使用に関する基本的事項を定めなければならない**」と記され、その条項に基づき、2001年に「**大深度地下の公共的使用に関する基本方針**」が閣議決定され、その中に付加条件が示されました。その内容は、「環境の保全」の項の中にあり、「**施設の建設により発生する掘削土については、泥水シールド工法等で発生する汚泥等の適正な処理を行うとともに、盛土材料、埋戻材料として再資源化を図る等、環境への影響が著しいものとならないようにすることが必要である**」と明記されました。

東京湾アクアトンネル等で採用され、最も安全性が高いと評価されている泥水シールド工法では、掘削土が泥水になり、その状態は非常に軟らかいため、その掘削土は廃棄物処理法上、産業廃棄物扱いとされます。つまり、泥水シールド工法は、その掘削土の再資源化が難しく、上記条項により、その採用が難しくなりました。また、土圧シールド工法でも、通常、掘削土が泥土になり、その状態は、泥水シールドと同様、軟らかいため、その掘削土も産業廃棄物扱いとされる等、環境保全の面で課題がある工法でした。その課題を克服する工法として、ベントナイト等の添加材に変わり、気泡を用いる工法が開発されていました。その工法が、気泡シールドで、掘削土の再資源化が可能となり、この付加条件をクリアできる工法として認められました。

気泡シールドの採用は、掘削土の再資源化としては望ましいことでした。特に、大断面、長距離では、その掘削土量も非常に多く（今回の工事では、延長 16.2㎞、2 線の本線シールドで、約 650 万㎥〈東京ドーム約 5.2 個分〉)、この工法の採用も理解できます。しかし、この工法は、掘削時、地盤に悪影響を生じさせないとする安全性の面で、問題を生じさせてしまいました。この安全性は、工事管理上、最も重要な項目の一つで、軽視されたわけではありませんが、「気泡（ガス）の挙動」とそれによる地盤への影響が、科学的に理解されていなかったため、この工法が採用されてしまっていました。

(2) 国土交通省：シールドトンネル工事の安全・安心な施工に関するガイドライン・掘削量（≒排土量）管理について

地表に影響を与えるようなトンネル事故は、外かく環状道路工事だけでなく、その後も、道路及び鉄道事業のシールドトンネル工事で起きています。そのような事故を受け、国土交通省は、独自に「**シールドトンネル施工技術検討会**」を設置（2021 年 9 月）し、その検討会は、シールドトンネル構築のための調査・設計・施工等において考慮すべき事項をまとめて、「**シールドトンネル工事の安全・安心な施工に関するガイドライン**」（文献 1-4）を、委員会設置の約 3 ケ月後、2021 年 12 月に策定しました。

その内容は「総則、調査、設計、施工、周辺の生活環境への配慮、及びその他の配慮事項」の 6 項目からなっていて、その「施工」の項の中に、このプロジェクトでも問題になった「掘削量（≒排土量）管理」について、その管理すべき内容が記されました。ただし、その解説の中で、土圧シールドに関して「**排土量管理の精度の維持・向上と異常の兆候等の早期把握に努める必要がある**」及び「**添加材が地山**（≒地盤）**に漏れ出し・・・注意が必要である**」と記されるだけで、最近、ベントナイト等の添加材に変わり、気泡が多く用いられているにもかかわらず、このガイドラインの中には、気泡管理に関する、具体的な記載はありませんでした。

・既往調査ボーリング孔の跡などの調査（支障物の調査）について

また、そのガイドラインの「調査」の項の支障物調査の解説の中に、「**過去の調査ボーリング跡、古井戸や仮設工事跡等は、地盤が著しく乱れていることや、空気や水の通り道となることなどがあるが、一般的には調査により全てを把握できない場合も多く、必要に応じて土地の管理者等から事情を聞いておくことが望ましい**」と記されていて、水だけでなく「**空気の通り道**」にも言及していますが、それらの井戸等が「気泡（＝空気）の通り道」となるとの記載はなく、また、その調査方法に関して具体的な対応策も示されていません。

実際、地下には多様な井戸が掘られていて、公表されている国内の総本数は約40万本（参照：「**表1-5　井戸等の種別による埋戻し規制概要**」）ですが、これら以外に、非公表や廃止されたものも多数あり、これらによって、「ガス発生」等

表1-5 井戸等の種別による埋戻し規制概要（公開されている国内総本数を含む）

井戸等の種別	主な対象	関連・担当組織	埋戻し等に関する法規・指針等とその記載項目			（参考）公開されている国内総本数と出典
			法規・指針等	該当記載項目	懸念される事象	
地質調査孔	地質	公益社団法人 地盤工学会	地質調査の方法と解説	第4編　ボーリング 2.4.5　ボーリング孔の埋戻し	地下水の湧出 ガスの発生	29万本「地盤情報ナビ」（中央開発㈱）
さく井	地下水	社団法人 全国さく井協会	さく井工事施工指針	第7章　廃止井の処理	帯水層の汚染 地下水の湧出	6.7万本　「全国地下水資料台帳調査」（国土交通省）
温泉井戸	温泉水	環境省	温泉法施行規則	第6条の11 温泉の採取の事業の廃止の届出	可燃性天然ガスの噴出	2.8万本「温泉（深井戸）ﾎﾞｰﾘﾝｸﾞﾃﾞｰﾀ公開の課題」（文献1-5より）
地熱井	地熱	財団法人 新ｴﾈﾙｷﾞｰ財団	地熱調査井の掘削標準・指針	第7章　廃孔及び休孔	ガスの噴出	0.7万本　「地熱情報ﾃﾞｰﾀﾍﾞｰｽ」（産総研地質調査総合ｾﾝﾀｰ）
石油井戸	石油	経済産業省	鉱山保安法施行規則	第25条　土地の掘削（石油井戸を含む） 本条項の中の「掘採跡の埋め戻し」に関する記載	石油の漏出	－
備　考						総本数　約40万本

の多様なトラブルが発生していて、後述の「外かく環状道路工事での野川付近での気泡流出」（参照：「**図 1-14 気泡流出（漏出）推定メカニズム**」及び「**2-1 工事における気泡の影響**」〈p61〉）はその一事例です。このようなトラブル防止のために、同表に示すように、近年関連の機関が、使用されなくなった井戸（≒廃止井）の埋戻し方法を規制しています。しかし、それら規制内容は各井戸の種別によって異なっているとともに、規制には、埋戻しの実施が確実であるかを確認する方法が明記されておらず、それら規制内容は不十分です。

特に、規制される以前に廃止された井戸（廃止井）は無管理状態であり、それら廃止井を調査することは、現状不可能であり、現実的な対応としては、「**空気や水の通り道**」によるトラブルの根絶のためには、井戸等の有無に関係なく、このような「**空気や水の通り道**」が、シールド掘進範囲及びその周辺にもあることを前提にして、計画しなければならないのです。

さらに、同項目の最後に「**今後、シールドトンネルの施工時も含め、地盤内の空隙や支障物等の地盤状況を把握可能とする調査や切羽**（≒地盤）**前方探査等の手法の技術開発も望まれる**」と記されているように、これらの調査・技術は開発途上であり、その進展を予測することはできませんが、「**世界最大級の難工事**」等の関係者によって、確立されていくのでしょう。

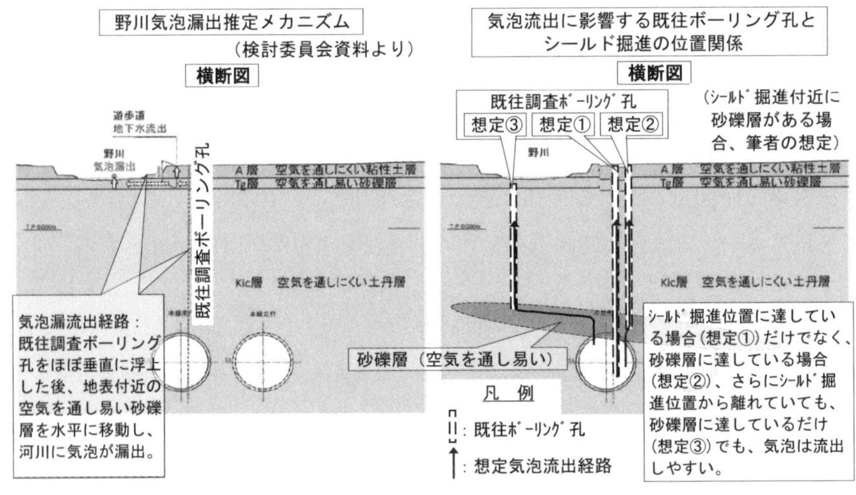

図 1-14 気泡流出（漏出）推定メカニズム

「**空気や水の通り道**」によるトラブルの一事例である「外かく環状道路工事での野川付近での気泡流出」の概要は、「**図 1-14 気泡流出（漏出）推定メカニズム**」に示す通りで、検討委員会は、既往調査ボーリング孔がその原因と判断しています。なお、気泡が地表で確認されると、漏出、噴出、流出等の用語で説明されますが、ここでは、引用を除き、用語は流出とします。

「**図 1-14**」の「野川気泡湧出推定メカニズム」では、このボーリング孔がシールド掘進位置に達し、その孔を垂直に気泡が浮上する状況が示されていますが、ボーリング孔の影響は単純ではありません。同図の「気泡流出に影響する既往ボーリング孔とシールド掘進の位置関係」に示すように、既往調査ボーリング孔が、シールド掘進位置に達している場合（想定①）だけでなく、砂礫層に達している場合（想定②）、さらに、シールド掘進位置から離れていても、砂礫層に達しているだけ（想定③）でも、気泡は地表に流出しやすく、その流出量が多い場合、気泡に地下水が混じって噴出し、さらに土砂も噴出する場合があり、地盤に悪影響を及ぼしています。

このことが、見落とされています。第２章以降に、陥没の実態とその原因を示し、気泡流出が陥没に大きく影響したことを記します。

参考１－６：外かく環状道路の実現性と課題

（1）必要性

外かく環状道路には、他の環状道路の役割と同じように、主に次の３つの役割があると言われています。

①道路渋滞の緩和

都心部では放射方向への道路に比べ、環状方向の道路の整備が遅れていて、慢性的な交通渋滞が発生しており、外かく環状道路の整備は都心部の交通が分散し、周辺の渋滞緩和につながる。

②広域交通の利便性の向上

外かく環状道路には広域交通の利便性を向上させる役割がある。例えば、関越道から東名高速までの移動時間（直線距離で約 14.8㎞）が、現状 60 分程度であるのに対し、外かく環状道路の整備により、その移動時間が約

12分となる。

③大気環境の改善

都心部の慢性的な渋滞により、多くの車が低速で長時間走行し、走行車から多量の排出ガスが出ているが、外かく環状道路の整備により、渋滞が緩和し、走行スピードが速まり、その排出ガスを大幅に抑制できる。

これらの役割は、都市計画が決定された当初から期待されていただけでなく、近年、この地域の過密化がさらに進み、かつ、環境に対する社会ニーズが高まった現在、その必要性はさらに高まっています。

(2) 実現性

外かく環状道路の必要性が、年々高まる傾向の中で、実際は、長期間、計画が凍結され、その実現が危ぶまれていた時期がありました。また、大深度法の成立等により、このプロジェクトは進められるようになりましたが、現在、今回の陥没等により、再びその実現性に疑問が投げかけられているのが実態です。

このプロジェクトの実現性がどのような経過を辿ってきたか、そして、今後の実現性の向上のために、どうすべきか。先ず、①必要性、②環境、③経済性の3項目の変遷を図式化して、表現すると「**図1-15 外かく環状道路の必要性・環境・経済性とその実現性の関係の推移**」の通りです。

この図は、次の5つに分け示しています。

❶1966年　都市計画決定時

❷1980～1990年代　事業凍結時

❸2007年　都市計画変更時

❹2020年　陥没事故時

❺今後（2022年以降、予測）

この図には、①必要性、②環境、③経済性の3項目が良くなる方向として、二重線の矢印（⇒）を記していて、この方向に向かうほど、事業の実現性が高くなることを表現しており、これまでの変遷を概観すると以下の通りです。

❶ 1966 年、都市計画決定時は実現性は高かった。❷ 1980 ～ 1990 年代、市街地の過密化が進み、用地費高騰等により経済性が悪化し、実現性も低下した。その後、大深度法の成立及び中央環状線の類似事例の計画が進められたことにより、外かく環状道路の環境課題・経済性が大きく改善され、❸ 2007 年、都市計画変更時その実現性は高まった。しかし、❹ 2020 年、陥没発生により陥没地点周辺の用地補償費が増加しつつあり、経済性が悪化し実現性に疑問が持たれている。

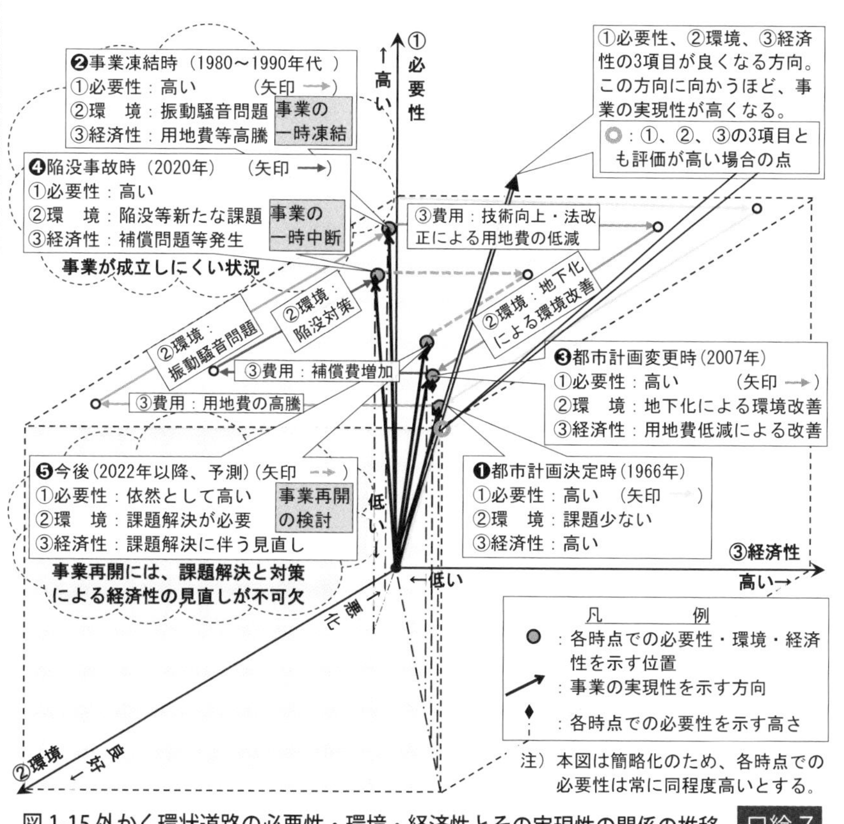

図 1-15 外かく環状道路の必要性・環境・経済性とその実現性の関係の推移　口絵 7

このプロジェクトの実現性を高める方策として重要なことは、類似の陥没事故を起こさないことであり、従来の考え方にとらわれることなく、その原因を追究し対策を立てなければなりません。原因追及がおろそかになれば、実現性が低くなり、この事業の成立そのものが危うくなります。

なお、同図においてその表現の単純化のため、必要性を同程度としていますが、その必要性が高まっていることを考えれば、陥没に対する抜本的対策は不可欠です。

参考１－７：社会のニーズと外かく環状道路

近年、社会ニーズの高まりによって、これまで経験したことのない工事が数多く計画されていますが、それら工事は過去から続いており、各々の工事は、試行錯誤を必要とする技術開発の歴史の中で、一つの事例です（参照：「**図 1-16 トンネルの実績変遷と特徴**」）。

シールド工法の歴史を辿れば、1800 年代のイギリスに、その事例があります。当時、ロンドンのテムズ川に橋を架けると、橋ではその下を大きな船が航行できなくなるため（当時、跳ね橋等で船の航行を確保）、トンネルが必要となりました。その頃、考案されたのがシールド工法で、世界で初めて試みられました。工事中、土砂崩壊・死亡事故等が何回も発生し、途中７年間の工事中断を経て、その完成は疑問視されながら、着工から 15 年目に完成しました。そして、当時の初歩的なシールド工法が、現在の高度に機械化された泥水シールド工法等につながっています。

日本にも沢山の類似工事があり、本州と北海道を結ぶ青函トンネルはその代表例です。1954 年 9 月の台風襲来時、青函連絡船「洞爺丸」の沈没により 1430 名の犠牲者を出してしまいましたが、その沈没事故は、天候に左右されることなく通行できる海底トンネルの必要性を一気に高めました。工事のための種々の調査・検討を経て、工事着手は事故の 10 年後。工事は、4 回の異常出水により度々中断し、24 年を要しました。その間、完成が危ぶまれた時期もありましたが、新たな工法等を導入・開発し、社会のニーズにこたえ、沈没事故 34 年後の 1988 年に開業。当時開発された技術は、現在

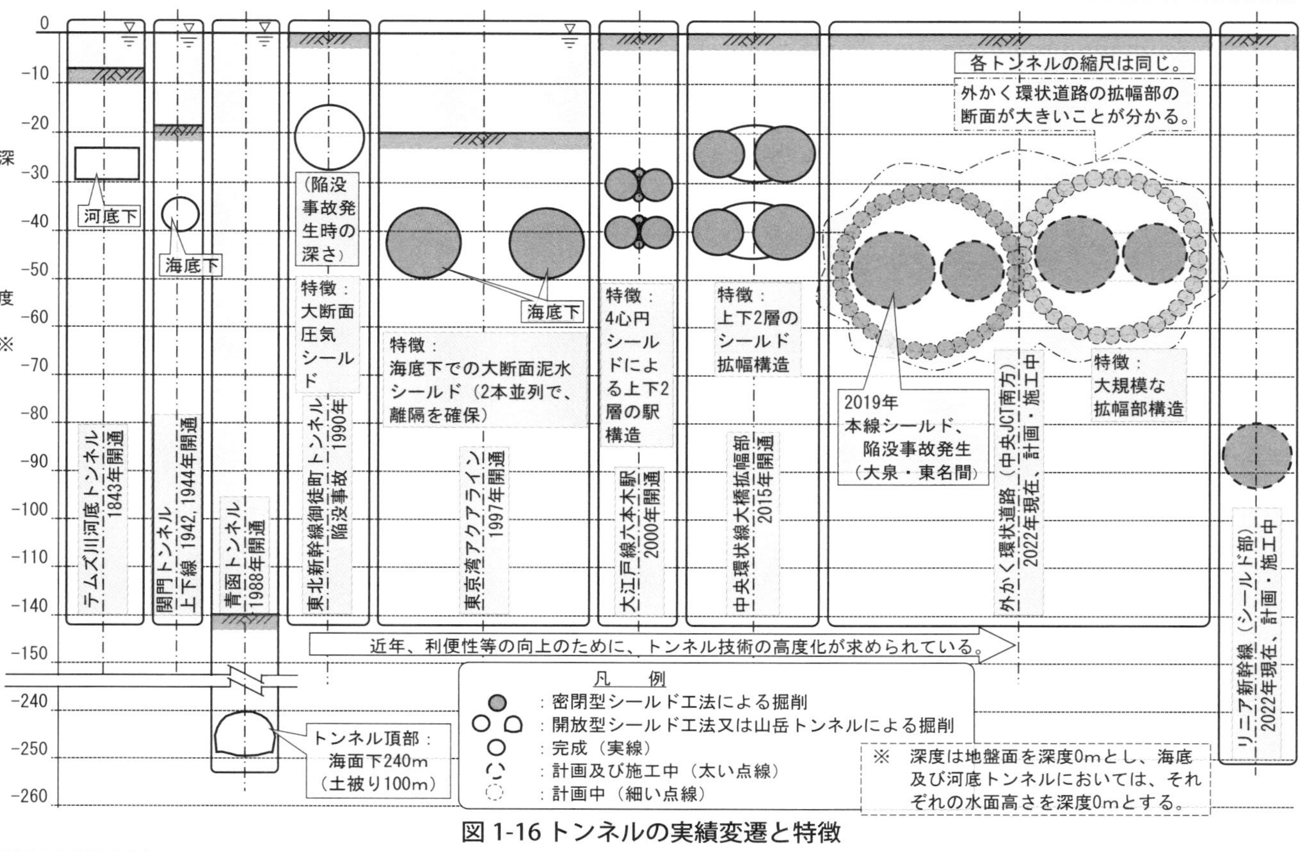

図 1-16 トンネルの実績変遷と特徴

欠くことのできない土木技術として活用され続けています。

時代は利便性・確実性を求め、多くのプロジェクトが計画され、試行錯誤を繰り返し確立されたと認められた工法が、その計画された工事で採用されます。しかし、地盤の性状は、複雑で、不確実性が大きいため、想定外の現象が生じるだけでなく、その複雑な性状には、未解明の要素があり、科学的に理解できない不可解な現象が生じることがあり、その確立されたと認められた工法でも、工事が中断してしまうことがあります。ある意味、「想定外の現象」或いは「不可解な現象」が生じることは、経験したことのないプロジェクトの宿命なのでしょうが、現在及び将来の社会のニーズに応えるためにも、一つ一つ地道に克服するしかなく、「不可解な現象」とは、新たな課題でもあります。

気泡シールド工法は、これまで多くの工事実績を積んでいますが、今回のような大深度・大断面で、かつ、地下水の流れやすい砂礫地盤では、気泡の大量流出が起きやすい。特に、工事中トラブル等でシールド機の掘進停止が長く続くと、同一箇所で気泡が大量に地盤に流出し、陥没の大きな要因になります。このような現象は、これまで見落とされていた「ガスの挙動」によっています。そして、「**図1-16**」の最後に記してあるリニア新幹線のシールド工事も経験したことのないプロジェクトの一つで、類似課題を抱えています。

第2章
気泡の影響

▼2－1　工事における気泡の影響

(1) 掘進当初からの影響

この工事では、陥没発生の約2年前から、関連する問題が発生していました。その問題とは、第1章でも記した「野川付近での気泡流出」で、シールド掘進当初（2018年5月頃）、その掘進真上から、気泡だけでなく、地下水が流出し、東京都や国会等で、この問題が議論され、新聞等でも報道されました。シールド機から流出した気泡は、地盤中を流れる時、気泡（空気）中の酸素が地盤中の鉄分と反応し、その酸素が減って、酸欠空気に変わることから、主に環境に関する問題と捉えられるだけで、以下の通り、気泡流出に地下水流出が伴っても、環境以外の課題に関係していると捉えられていませんでした。

この問題発生後、シールド掘進により、どのように気泡が発生するかを確認するため、疑似ボーリング孔（人工の孔）をシールド掘進真上に設置し、気泡流出をモニタリングしながら、シールド掘進が行われました。その概要は「**図2-1 本線トンネル（北行）掘進時のモニタリング概要図**」の通りです。

その結果、その疑似ボーリング孔から、空気が流出する等の現象が確認され、検討委員会は、報告書「**本線シールド工事の掘進方法について**（平成30〈2018〉年10月）」で、気泡や地下水流出の「発生メカニズム」及び「今後の掘進方法」に関して、以下のように調査結果を公表しました。

【発生メカニズム】地下のシールド工事の掘進時に用いる空気の一部が北多摩層まで到達している人工的な孔の隙間を通って上昇して、河川では気泡として漏

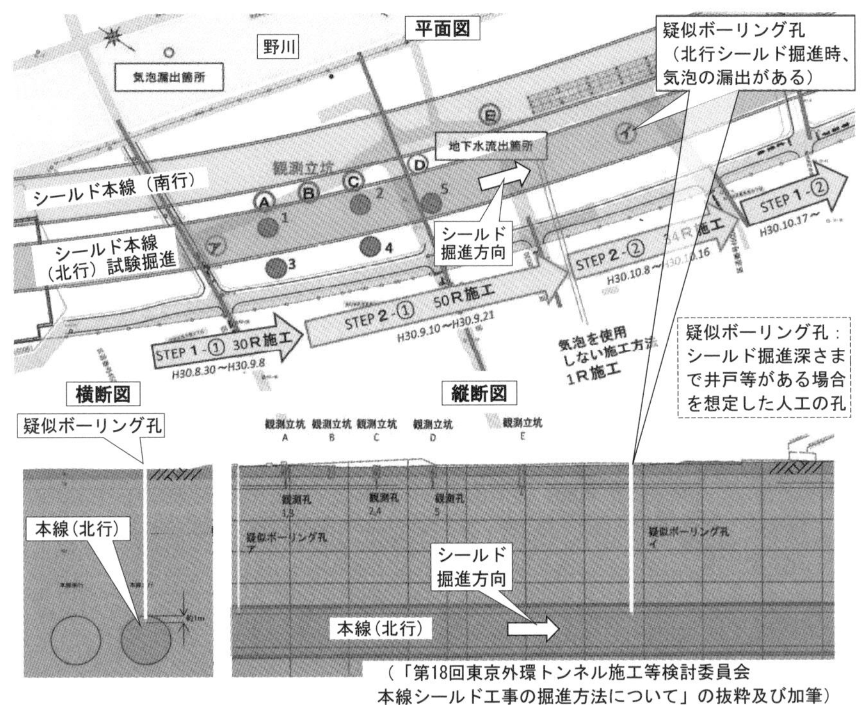

図 2-1 本線トンネル（北行）掘進時のモニタリング概要図

出。 また、工事ヤード内では土砂で閉塞されていた人工的な孔の下部に漏出した空気が集まり、圧力が上昇し地下水とともに地上に流出。

（参照：「**図 1-14 気泡流出（漏出）推定メカニズム**」〈前出〉）

【今後の掘進方法】地中から漏出した空気は周辺環境に影響を与えるものではないと考えられる。 安心確保のため、空気の漏出状況をモニタリングするとともに、今後、工事ヤード内において空気の漏出を抑制しながら掘進する方法について確認していく。

また、この東名側本線トンネルだけでなく、大泉側本線トンネル (南行) でも、令和元（2019）年 10 月に「**白子川においてトンネル掘進に用いている空気の一部が地上へ漏出していることが確認されました**」と、その事業者（東日本高速道路㈱）が、類似の気泡発生を公表しました。そして、河川水質調査等を実施し、以下の通り報告しました。

①気泡シールド工事が、空気の通り道等により空気を流出させた可能性がある。
②ただし、東名 JCT や大泉 JCT での空気流出に関わる環境測定結果を踏まえると、空気が流出したとしても周辺環境に影響はないと考えられる。

（参照：「**図 0-1 外かく環状道路（大泉・東名間）全体概要図**」に、野川及び白子川での気泡発生場所を示す）

以上の考えを有識者に報告し、「**お知らせ**」で、「**安心確保のために漏気に対する周辺環境モニタリングをしながら、気泡を用いた掘進を進めること**」等の意見を頂いたと公表されました。

つまり、検討委員会等は、気泡の地表及び水面への発生を環境問題と捉えるだけで、気泡が地下水とともに地上に流出しても、以下の視点で、検証されませんでした。

①地盤内へ流出した気泡はどのように挙動するのか。
②その挙動により、地下水及び地盤はどのように挙動するのか。

確かに、空気注入量が少なければ、地盤への流出量も少ないのでしょうが、後述するように、シールド掘進時トラブル等が発生し、一定期間掘進が停止すれば、その箇所への流出量は多くなり、さらに、その停止期間中に大量の空気注入があれば、気泡が地面から大量に噴出する等、「気泡（ガス）の挙動」が顕著になり、その挙動により、地下水及び地盤の土砂も噴出し、その噴出は、陥没につながるような現象を起こします。

チャンバー内から地盤への空気流出とその後の「気泡（ガス）の挙動」が、科学的に理解されていないのです。

(2) 陥没前（約 1.2 ㎞手前）からの影響

東名 JCT 付近の北多摩層でのシールド掘進時、気泡発生があったことから、北多摩層の掘進範囲では、気泡を使用しない方法に計画が変更され、北多摩層から東久留米層の掘進に変化する地点（発進場所から約3㎞先）から、再度気泡を使用する計画となりました。

その東久留米層での空気の再注入開始直後（2020年3月、陥没発生の半年前）から、再度、野川で気泡発生が確認されました。しかし、確認されても、発進当初と同じで、環境面で検討されただけでした。

その発生状況は、「**図2-2 小足立橋周辺での気泡流出発生の経緯概略図**」の通りで、特徴的な点は、空気注入直後から気泡発生があったこと以外に、シールド掘進位置から離れた箇所で、気泡発生があり、かつ、長い期間連続して発生したことです。

具体的には、同図に示すように、野川に架かる小足立橋付近で、気泡発生が4月11日から25日までの15日間、連続し、その発生初日の4月11日時点でのシールド機の位置は、約110ｍ離れていました。4月11日に空気注入された気泡が、その日に、その地点に到達したとすれば、気泡の流速は110ｍ/日以上となり、仮に、数日前のシールド掘進時の気泡が、この気泡発生地点まで達したとしても、平均では数十ｍ/日程度であったと逆算できます。一方、通常、この周辺の地下水の流れは極めて遅い（数十㎝/日）と調査報告書に記されており、この時、気泡は速い速度で流れていました。このように気泡が限られた地点から発生し、その流速が速くなったのは、「**図1-14**」及び「**図2-2**」に示すように、以下の理由であると考えられます。

気泡は地盤の中の難透水層下の砂礫層を水平方向に移動する。その難透水層に、既存の井戸跡など、地表への「**空気や水の通り道**（≒地質的弱部）」があると、その箇所から、気泡は上方へ浮上する。気泡は地表に均等に発生するのではなく、「**空気や水の通り道**」のある限られた地点があれば、大量に、かつ、長い期間発生すると考えられる。

また、自然の状態で地下水の流速が遅いのは、地盤の深い部分は降水等の影響をほとんど受けず、地下水位はほぼ一様、つまり、圧力差が小さいためであり、自然状態では大きく変化することはない。今回、このように、流速が数十㎝/日から数十ｍ/日（約百倍）に、大きく変化した原因は、地盤の圧力よりもチャンバー内の圧力が大きくなり、圧力差が生じ、地下水の流速が速くなっ

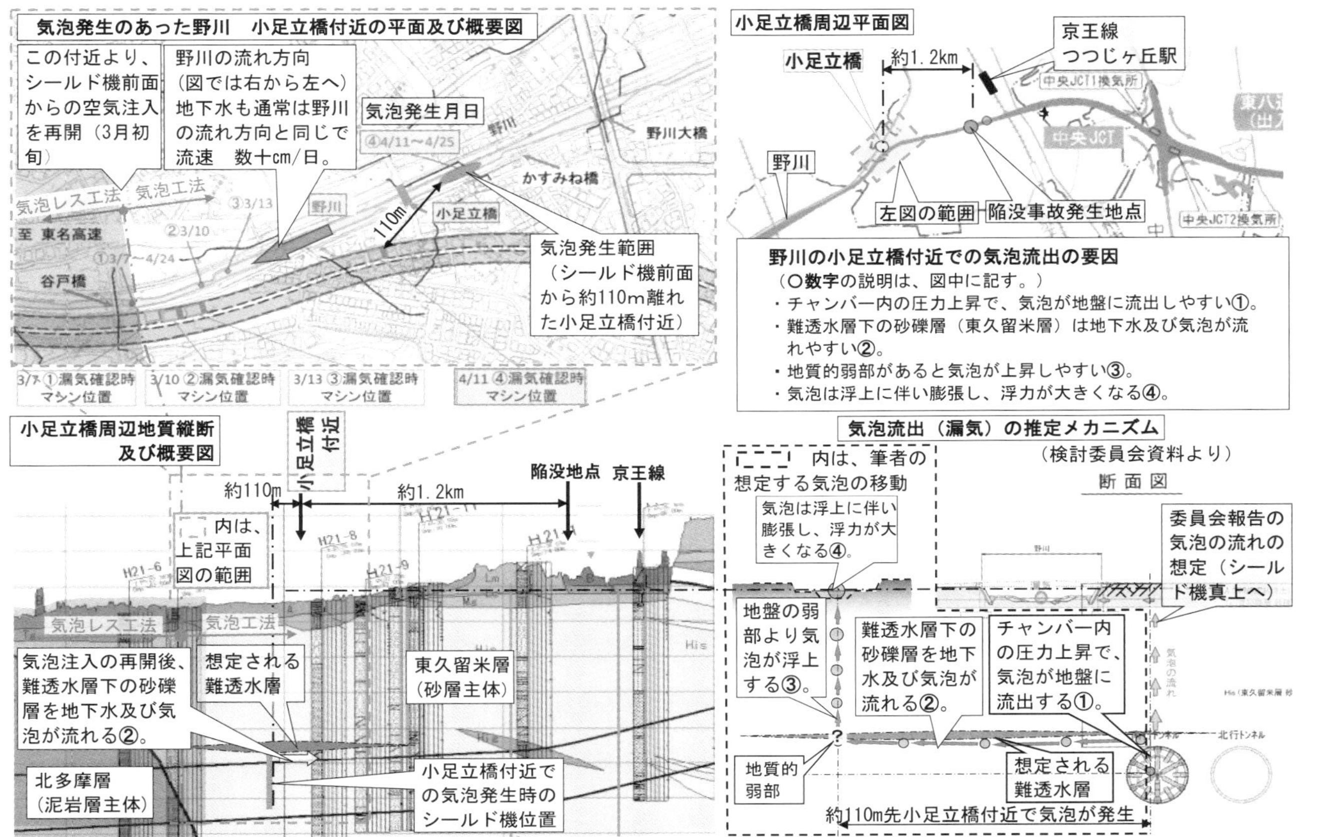

図 2-2 小足立橋周辺での気泡流出発生の経緯概要図　口絵 8

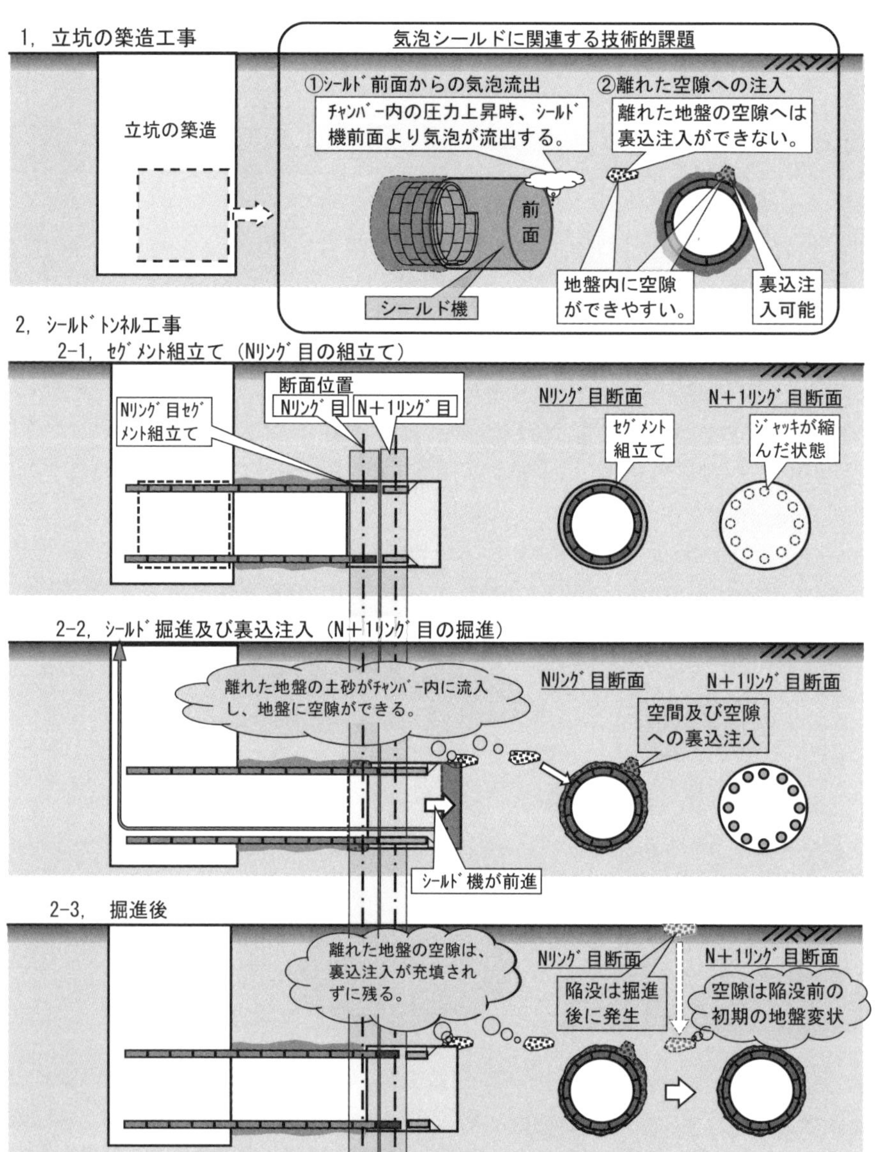

図 2-3 気泡シールド工法の施工順序と課題

たと考えられる。そして、圧力差だけでなく、透水性が高い東久留米層の砂礫層も影響し、特に、流速が速くなったと考えられる。

今回の気泡発生は、透水性の高い砂礫地盤では、チャンバー内の圧力上昇により、気泡は地盤に流出しやすく、かつ、離れた場所まで流出することを示しています。また、「**図1-10 シールド工法の施工順序**」で、シールド機周辺にできた空間は、裏込注入で充填されるため、地盤の緩み等を抑えることができると説明しましたが、気泡シールドの場合、離れた地盤まで流出した気泡は、圧力変動時のチャンバー内への流入によって、地盤の土砂も同様に流入し、その土砂の流入とは、シールド機から離れた地盤に空隙ができることであり、その離れた空隙への裏込注入による充填は難しくなります。その状況は、「**図2-3 気泡シールド工法の施工順序と課題**」の通りであり、その充填されずに残った空隙は、陥没に至る前の初期の地盤変状であったと考えられます。

なお、「**図2-2**」の「気泡流出の推定メカニズム」には、「気泡は浮上に伴い膨張し、浮力が大きくなる」と記していますが、後述する通り、この膨張は、気体の法則の一つ「ボイルの法則」によっていて、陥没に少なからず影響しています。

参考2－1：圧力変動

密閉型シールドの工事管理において、地盤を緩めないための最も重要な項目の一つが、チャンバー内の圧力管理であり、シールド掘進中、その圧力が大きく変動することは、避けなければなりません。有識者委員会の報告書に、圧力変動の記録が記されており、どのような圧力変動があったのか、その要点を記すと、次の通りです。

①閉塞後のチャンバー内の排土開始時、チャンバー内の圧力は大きく低下する。

②排土時の閉塞解除のためのカッターの寸動（寸動：機械等の調整時の小刻みな作動）時、チャンバー内の圧力は大きく上下動する。

この変動量は「**図2-4 排土時のチャンバー内の圧力変動**（9：08～9：

15）事例」に示すように、排土開始時、100kpa（kpa：キロパスカル、1気圧＝101.3kpa＝1013hpa）以上の大きな低下があり、また、カッター寸動時も同程度の圧力の上下動が記録されています。この100kpaは約1気圧に相当し、水圧に換算すると約10m分です。この短い間（同図は7分間）での大きな変動が、圧力上昇時、チャンバー内の気泡の地盤への流出に影響し、圧力低下時、地盤の土砂のチャンバー内への流入に影響していると考えられます。そして、この圧力低下時の地盤の土砂のチャンバー内への流入は、この地盤の自立性の低さによって生じています。

また、圧力変化でなく、最大圧力に着目すると、同図では約620kpa。この値は極めて大きく、このような大きな圧力が作用する例としては、原子力発電所の原子炉格納容器があり、その一例は福島第一原子力発電所の原発事故における国会事故調の報告書にあり、設計耐力は430kpaと記されています。二つの構造形式は全く異なりますが、この高圧状態の制御は、極めて重要な管理項目です。

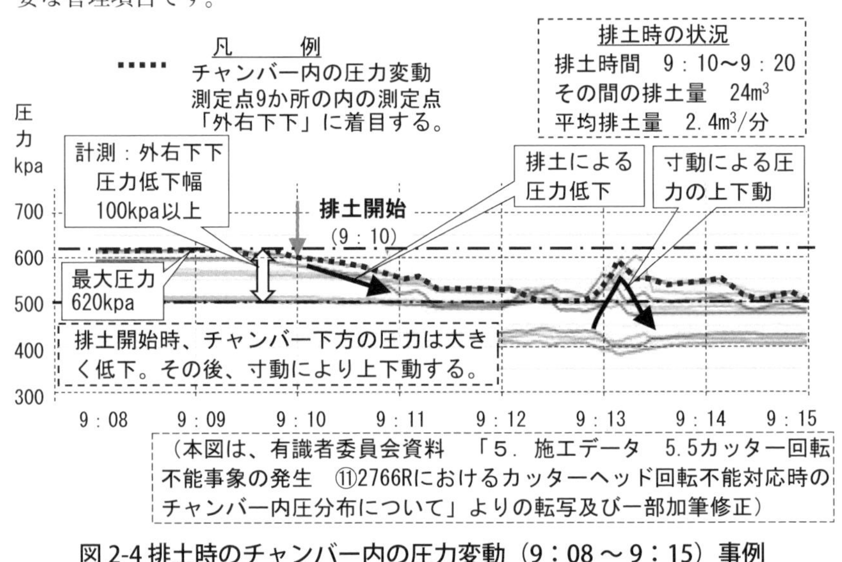

（本図は、有識者委員会資料　「5．施工データ　5.5カッター回転不能事象の発生　⑪2766Rにおけるカッターヘッド回転不能対応時のチャンバー内圧分布について」よりの転写及び一部加筆修正）

図2-4 排土時のチャンバー内の圧力変動（9：08～9：15）事例

(3) 陥没付近での影響

気泡流出による環境への実害は生じないとの見解が示された約2年後、工事が進み、陥没が発生しても、その原因は、注入された空気の流出であるとの考えは示されていません。しかし、陥没発生箇所だけでなく、隣接した場所でも、空気流出に関連する現象が、ほぼ同時期及びこの事故後に発生していました。以下、3つの報道です。

①地中での振動（陥没）等の異変

2021年10月28日　東京新聞

見出し：**調布陥没から1年　70代夫婦転居決意**

記事：**・・・足元の地下約50メートルで進める掘削工事の影響で、自宅から60メートルほど南の市道が陥没。・・・**

陥没前から異変は起きていた。夫婦宅の地下を直径16メートルのシールドマシンが通過したのは昨年の9月中旬。振動に敏感な妻は9月上旬からマシンが近づいてくるのを感じ、陥没の発生で工事が止まるまでの1カ月半の間、悩まされ続けた。地下から伝わってくる「ドーン、ドーン」という地響き。「気持ちが悪くなり、『もうやめて』と大声で叫ぶ衝動に何度も駆られた」

シールド掘進の約1ケ月後に陥没発生があったことから分かるように、先ずシールド機周辺の深い地盤に空洞ができ、その後、その空洞上部の土砂が空洞内に落下することにより、空洞が徐々に動くように、上方に移っています。後述しますが、その動きは連続的でなく、空洞が高い空気圧等で保持されている間は、土砂の落下は生じにくいのですが、空洞からの空気流出による空気圧の低下等があると、空洞上部の土砂が落下しやすくなります。この人の聞いた地響きは、このような土砂の落下によって発生していた可能性があります。この当時は、その落下が、目に見えるような形では、地面に現れておらず、この地響きは、単に、軽視されていただけだったと考えられます。

②**地表への砂の噴出**

2020年12月10日　東京新聞

見出し：**調布陥没　ルート外　数軒に亀裂**

記事：**東京外かく環状道路のトンネル工事ルート上にある東京都調布市の住宅街で市道が陥没し、地下に空洞が見つかった問題で、現場から東に40mほど離れた住宅街でも数軒で亀裂などができていたことが分かった。**

亀裂などができたのは、陥没や空洞の生じた現場の脇を流れる入間川を挟んだ東側で、調布市若葉町の住宅街。

住民らによると、地下47mでシールドマシンによる掘削が進んでいた9月中旬ごろから、数棟で振動が出始め、ガレージがゆがんでシャッターが閉まらなくなったり、外階段に数メートルの大きな亀裂ができたりした家もあったという。（中略）**○○宅ではブロック塀やコンクリートなど数10カ所に亀裂が入った。**（中略）**自宅前の市道上のマンホールのふたや側溝の周囲に砂が噴き出たような跡を見たという。**

このような現象、特に「**砂が噴き出た**」ことに関して、専門家のコメントとして、「**トンネルルート上の住宅被害よりも家屋のひび割れや変形が深刻だ。工事の振動で局所的な液状化現象が発生した可能性も考えられる**」との指摘が掲載されました。

その指摘に対して、事業者は、液状化が生じるような大きな振動は生じていないと説明しています。

「**砂が噴き出た**」ことは些細なトラブルのように思えたのかもしれませんが、そのトラブルには重大な事故につながる原因が隠されています。原因を明らかにし、対策を立て、トラブルを未然に防がなければならないのですが、議論がかみ合っていません。

重大な事故とは、陥没事故であり、なぜ、議論がかみ合わないか？

その大きな理由は、両者とも、定説である「地震動により、液状化現象が起き、砂噴出がある」との考えを基本としているからです。『新版　地学事典』（文献2-1）には「（噴砂は、地震動だけでなく）**圧縮空気の圧入などにより圧力が高められ、より低圧の地表に噴出する際、地層粒子も巻き込んで一緒に噴出する**」と

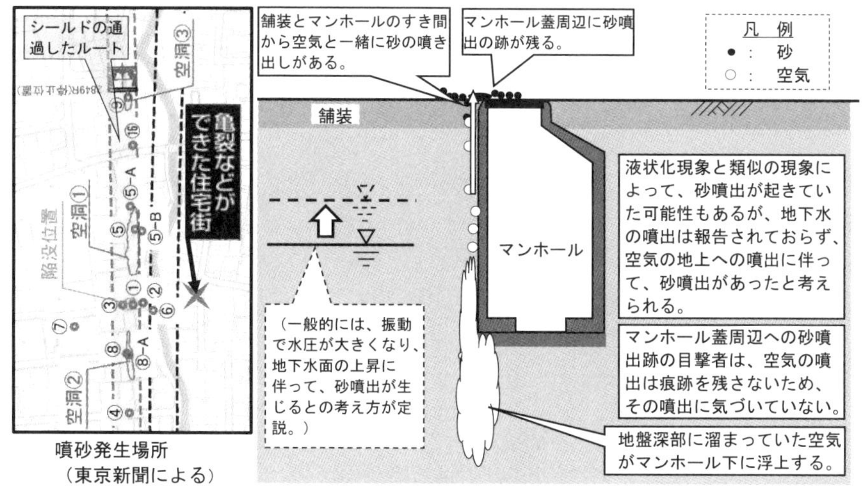

図 2-5 砂噴出の想定図

記されており、その考えを基本とすれば、議論がかみ合うのです。議論がかみ合えば、トラブルの原因を明らかにし、対策を立てることも可能になります。

地盤内の空気圧の上昇による砂噴出は「**図 2-5 砂噴出の想定図**」の通りで、この砂噴出と液状化現象の関係については後述します。砂噴出は不可解な現象として捉えられておらず、砂噴出トラブルそのものが軽視されています。

③地表付近の空隙

2021 年 10 月 14 日　東京新聞

見出し：**掘削ルート外にも緩み**

記事：**棒状の機器を打ち込み、・・・**（中略）**。調査地点の 1 つで、ルートから 10 メートルほど東側の若葉町の住宅では、地中のビデオ撮影ですき間**（≒空隙）**が多数見つかった。**

この件に関して、事業者は類似の地表付近の調査を実施しましたが、「**特異な空隙**（≒すき間）**や空洞は確認されませんでした**」と報告しています。両調査は、「**図 2-6 陥没後に亀裂が生じた家屋とその関連想定図**」に示すように、地表面付近の浅部で、元々比較的締まりが緩い土層を対象としており、確かに、判定しに

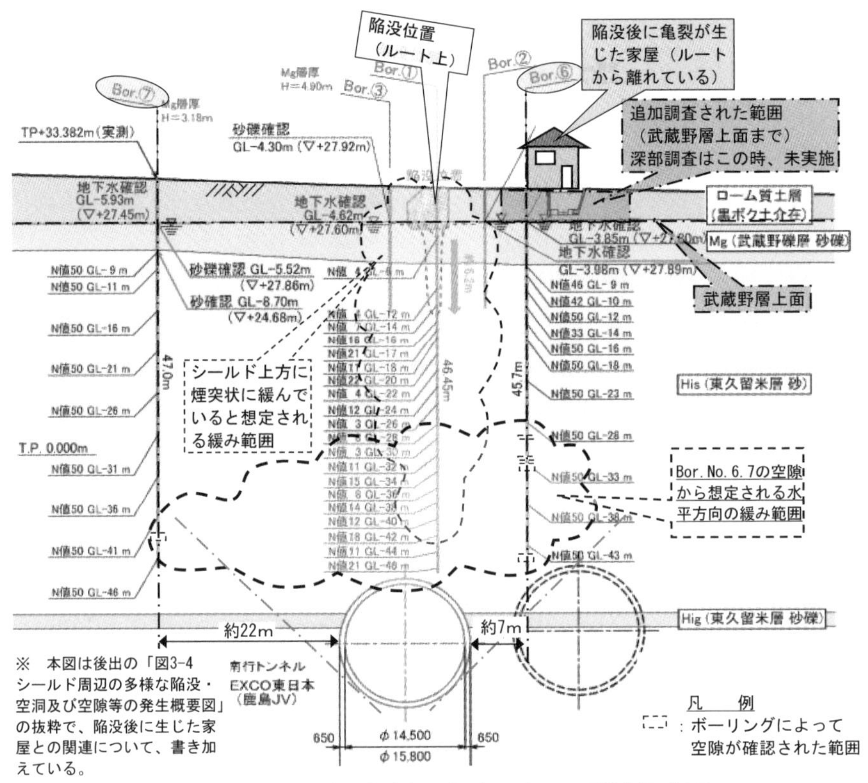

図 2-6 陥没後に亀裂が生じた家屋とその関連想定図

くいと考えられるものの、浅い部分に限られた調査は、次に記すように、適切でなく、この件でも議論がかみ合っていないようです。なお、すき間や空隙等の用語が用いられていますが、同じ意味であり、以後、空隙に統一します。

新聞記事は、「陥没事故から約１年経った時期に、ルート真上だけでなく、その周辺の家屋でも新たな亀裂が発生していた」と記し、その亀裂発生の原因が明らかでないため、その原因を調べることが調査の目的であるとし、その記事に記されたように家屋等の調査で「**地中には**空隙が**多数見つかった**」としています。それに対し、事業者は、地表付近（武蔵野礫層まで、深さ５m程度）の地層を調査し、「緩んでいない」と報告するだけで、本来の調査目的である亀裂発生について言及していません。

空隙は、陥没約1年後の調査だけでなく、陥没発生直後（2020年10～12月）に実施された事業者の調査報告でも、その存在は確認されていました。それは浅部でなく比較的深い位置であり、その箇所は、陥没地点より約60 m手前のボーリング（以下、ボーリングを「Bor.」と記す）結果にありました。

その結果は、「**図2-7 Bor.No.4の調査結果**」の通りで、地表から深さ20 mまでは、緩んでいないと判定されましたが、深さ20 mからシールド上端までのN値（参照：「参考2-2」）は平均8程度で、緩んでいると判定されただけでなく、土質区分は「コア（コア：棒状の土質資料）無し（コア流出）」でした（詳細は、「**図3-3 Bor.No.4 地盤の緩み状況　概要図**」〈後出〉）。

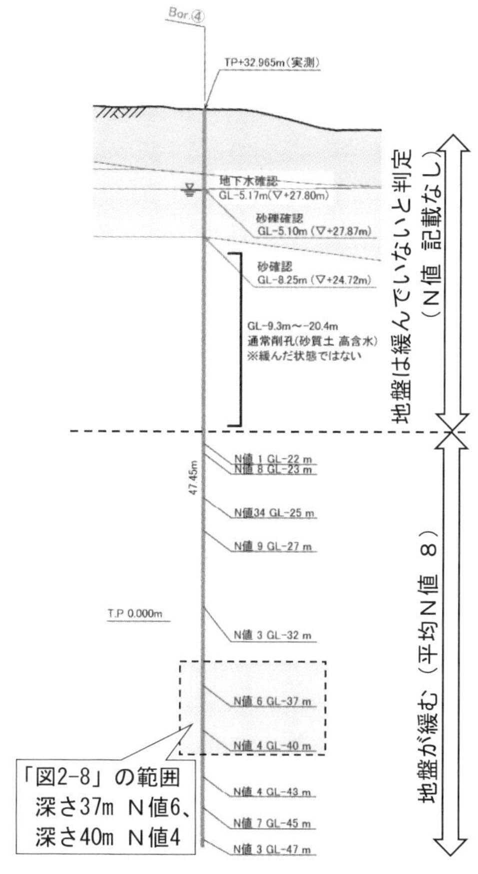

図2-7 Bor.No.4の調査結果

参考２－２：N値とコア無し

N値とは、地盤の硬さを示す値。ボーリング時、一定条件でハンマーを落下させてロッド（ロッド：鉄の棒）を土中に打ち込み、それに要する打撃回数をN値と言います。この値が大きくなるほど地層は一般的に硬く、地盤の硬さの評価等に広く用いられています。ただし、上限値を50としています。

この「ロッドの土中への打ち込み」範囲以外では、通常コアを採取・観察して、その地質区分等を判定します。コア採取時、コアが流出することはほとんどありませんが、今回、多くのボーリング調査で**「図2-8『N値』の低下と『コア無し』の事例」**に示すように、「コア無し（コア流出）」の箇所があり、その箇所はチャンバー内の閉塞時に実施した特別な作業により（第3章に　記す）、コアが流出するほど地盤が緩み、空隙が生じたと考えられます。「コア無し」とは、地盤に空隙があることで、陥没発生に関係する現象であると考えられますが、「コア無し」があったことは、報告書等で全く触れられていません。本書では、この「コア無し≒空隙」を、検証対象の一つとして取り上げます。

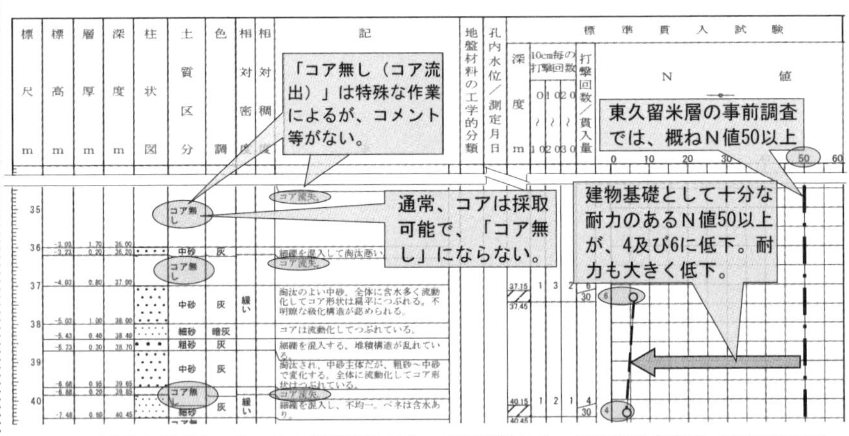

（「東京外環トンネル施工等検討委員会　有識者委員会　報告書参考資料〈令和3年3月〉
1.4　ボーリング柱状図」の　ボーリング柱状図No.4 深さ35～40mの抜粋）

図2-8「N値」の低下と「コア無し」の事例

事業者のコメントとして「**液状化の発生は現時点で把握していないが、あらゆる可能性を含めて地下のトンネル工事と陥没や空洞との因果関係を探るための原因調査をしている**」等が報道されていますが、亀裂発生を解明するための調査が、地表付近だけでは、「**あらゆる可能性**」を探ったとはいえず、その調査は不十分であったと言わざるをえません。

地表付近を含めた地盤全体の緩みは、深い部分の緩みが関係していて、シールド掘進範囲から離れた箇所でも、同様です。深部の空隙発生と地表の陥没との関係性については、後述します（参照：「**図 3-4 シールド周辺の多様な陥没・空洞及び空隙等の発生概要図**〈後出〉」）。

▼2－2　類似陥没事故（御徒町での新幹線トンネル工事事故）

今回の陥没事故と同じような事故は過去にも起きています。その一つが 1990 年、東京の繁華街で新幹線用のトンネル掘進中、トンネル真上の道路が陥没した事故です。その事故概要は「**図 2-9 御徒町トンネル陥没事故　現場平面概要図**」及び「**図 2-10 同　概要図**」に記す通りですが、御徒町駅に近接した JR 山手線等の高架橋の下、都道春日通りで起き、当時の事故の状況は、以下の通り報道されました。

> 「（1990 年 1 月）**22 日午後 3 時 4 分ころ、東京都台東区上野 5 の 27 の JR 御徒町駅ガード下の春日通りで、大きな音とともに、水分を含んだ大量の土砂が 20 mもの高さに激しく噴き上げ、道路が長径 13 m、深さ 5 mの長円形に陥没した。**」（1990 年 1 月 23 日　読売新聞　朝刊）

この御徒町の事故状況は「**大量の土砂が 20 mもの高さに激しく噴き上げていたこと**」が特徴的であったのに対し、調布の事故ではそのような噴き上げはありませんでした。また、シールド工法の形式は、この事故では開放型（圧気シールド）であったのに対し、調布の事故では密閉型（気泡シールド）と異なっていたため、両事故に共通性はないと考えられています。

しかし、両工事には、空気（≒気泡）注入という共通点がありました。

図 2-9 御徒町トンネル陥没事故　現場平面概要図

実際どのように陥没したのか？

当時、このシールドトンネル上部に直交する形で、地下鉄 12 号線〈現在の名称：大江戸線〉が計画されていて、そのシールドトンネルの一部が支障していたため、その将来実施予定の地下鉄施工時の安全を確保するため、事前防護工として地下連続壁が施工されていました。この地下連続壁は、以下のように事故に関係し、見落とされた「ガスの挙動」によって、陥没が起きたと考えられます（参照：「**図 2-10 御徒町トンネル陥没事故　概要図**」）。

①事故発生前、この地下連続壁（2 か所）撤去のために、シールド掘進が停止し、その間、圧縮空気がシールド機前面地盤だけでなく、その周辺の広い範囲に流出する。

②地盤内に流出した空気は滞留し、地下連続壁周辺の緩い部分で、圧力が限界に達した時、先ず空気が噴出する。その後、噴出に土砂が混ざり、気泡・土砂等の通り道ができる。

③空気の噴出で、シールド坑内の圧気圧が低下すると、その通り道を通って、土砂がシールド坑内に流入する。その結果として、道路が陥没する。

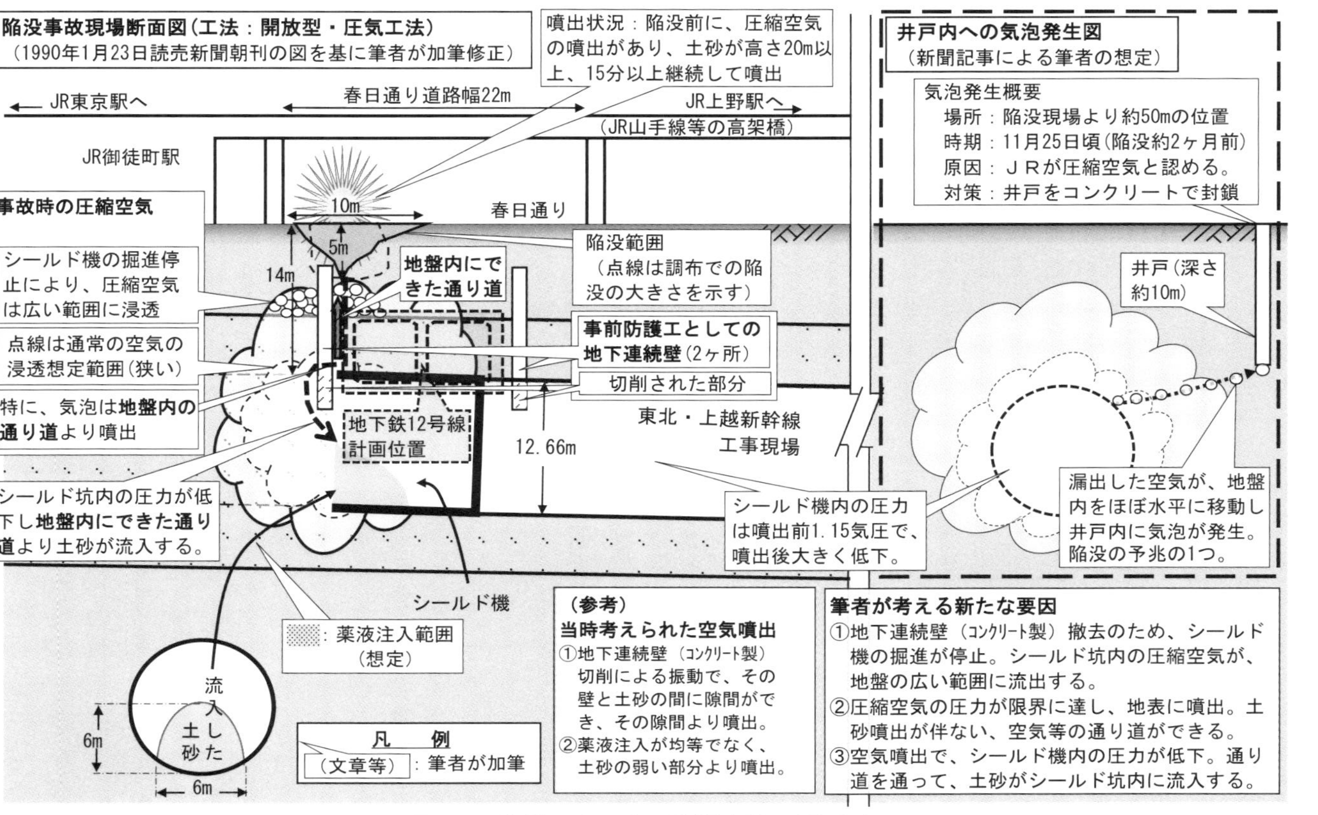

図 2-10 御徒町トンネル陥没事故　概要図

つまり、この事故は、シールド掘進の停止があり、その停止期間に圧縮空気が大量にシールド周辺に流出し、気泡となって滞留したことが原因であり、調布での陥没事故の原因と同等なのです。

また、次の「**参考2-3：御徒町トンネル陥没事故関連の新聞記事**」に記すように、この陥没発生前に、調布の陥没地点周辺で起きた現象と同じように、その付近の井戸から気泡だけでなく「**井戸水**（≒地下水）**が噴き出した**」ことが報道され、かつ、この事故当時、シールド工法の権威とされる人が「**圧気工法を使って（土砂を）噴発**（≒噴出）**事故がしばしばあった**」と指摘していました。しかし、当時、「シールド機前面から地盤に流出した気泡が、地盤内で、どのような挙動をするのか」との視点から、井戸水の噴き出しの原因を含め、陥没事故原因が検証されることはなかったようです。

参考２－３：御徒町トンネル陥没事故関連の新聞記事

・**噴発事故について**（1990年1月23日　読売新聞　朝刊）

記事：（事故原因に対して）**シールド工法の権威とされるK都立大学工学部教授（トンネル工学）は「事故と工法との関係があったかどうかはわからない。」と慎重な態度。ただし、「昔は圧気工法を使って（土砂の）噴発事故が起きていたことがしばしばあった」と指摘している。**

・**気泡発生について**（1990年1月23日　朝日新聞　夕刊）

見出し：「**近くの井戸、気泡わく**」

記事：**新幹線工事が原因とみられる井戸の異常が昨年11月末、陥没事故近くで1件あり、JR側が応急工事をしていたことが、**（1月）**23日わかった。**

井戸の異常があったのは、現場から約50m東の喫茶店「R」。**従業員の○○さんによると、同店では約20年前に掘られた深さ約10mの井戸を使っていたが、昨年11月25日ころ、井戸から気泡がわき上がり、井戸水がくみ口から噴き出した。**（中略）**JR東日本工事事務所は新幹線工事の圧縮空気が原因であることを認め、**（中略）**応急工事を行ったという。与圧しながら掘り進む「シールド工法」では、周辺の地下室や井戸に空気が漏れるな**

どの異常がおきやすいため、（中略）上野 - 御徒町の住民に「異常があればご一報を」とチラシで呼びかけていた。

御徒町陥没事故での工法は、開放型で、地盤は自立しないため、補助工法として圧気を採用（圧気シールド）しました。一方、調布陥没事故での工法は、密閉型（土圧シールド）で、土砂の流動性を保つために、気泡を使用する気泡シールド工法を採用しました。この２つの開放型圧気シールドと密閉型気泡シールドは、大きく異なる形式であると捉えられていますが、シールド機前面に気泡が流出しやすいという共通点がありました。つまり、その点に限れば、同種の工法です（参照：「**図 1-12 シールドの種類別　シールド機前面の圧力保持概要図**〈前出、p48〉」）。

▼２－３　気泡と自然由来の気体

(1) 気泡と気体の影響の同一性

陥没の原因となった気泡は、工事によって人工的に地盤内に流出した空気です。この空気よりもはるかに多い量の多様な自然由来の気体が、地盤内にあって、気泡として地盤内に存在している場合もありますが、地盤内の地下水中に溶け込んでいる場合もあります。前者は遊離ガスで、私たちも気泡として目にすることができますが、後者は溶存ガスで、その状態では私たちは通常目にすることはできません。

この気体は、地盤内で地下水・土砂等と共に圧力を受けており、その圧力が変化すると、多様な挙動を示します。

その挙動を理解するために、気体に関わる２つの法則を理解する必要があります。２つとも学生の時、理科の授業で習う内容です。気体は見えにくいため理解しにくいですが、私たちは暮らしの中で確認することができ、以下に記します。

①ボイルの法則：一定温度における気体の圧力は体積に反比例する（「広辞苑」より）（参照：「**図 2-11 水深変化による気泡の状態変化**」）

一般的には、シャルルの法則（一定圧力で、一定量の気体の体積は絶対温度に比例する）と合わせて、ボイル・シャルルの法則と言われています。気体が地下から地表に浮上する時、その圧力が低下するため、ボイルの法則に従い気体体積が膨張します。例えば、地下 50 m（水深 50 mで、5 気圧相当）にある気体は、大気圧分の 1 気圧を加え、その圧力は合計 6 気圧ですが、地表に浮上すると大気圧のみとなり 1 気圧で、その気体体積はボイルの法則に従い 6 倍になります。その気泡は浮上途中で体積が膨張するだけでなく、膨張により気泡の浮力も大きくなり、その浮上速度も速くなり、地下水や土砂等を浮上させる力も大きくなります。

・暮らしの中のボイルの法則

ペットボトルに栓をして、高い所に移動すると、そのペットボトルが膨らみます。逆に、高い所から低い所に移動すると、そのペットボトルが凹みます。このような変化は、ペットボトル内の空気量が一定であるのに対し、その外側の圧力（大気圧）が、低下又は上昇することにより生じていて、そのペットボトルの中の空気は、ボイルの法則により、膨張したり（気圧低下時）、縮小したり（気圧上昇時）しています。また、エレベーター上昇時の耳鳴りは、圧力低下による鼓膜の膨らみが原因であり、私たちは、この法則の影響を受けながら暮らしています。

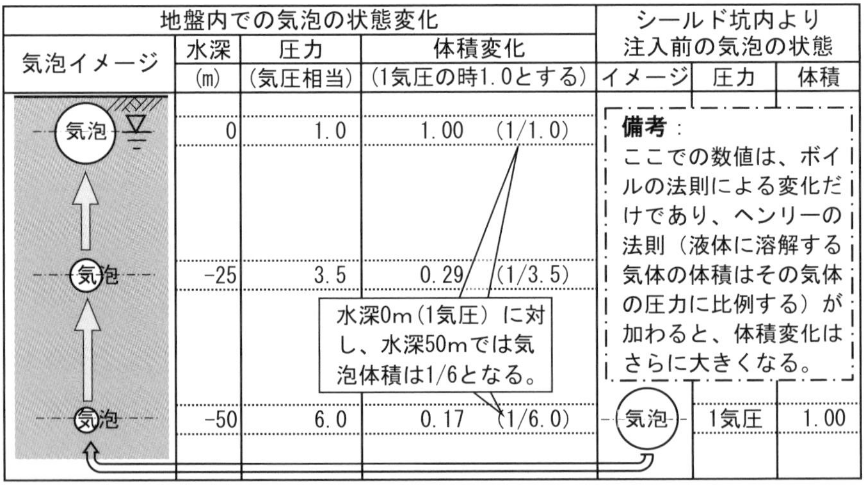

地盤内での気泡の状態変化				シールド坑内より注入前の気泡の状態		
気泡イメージ	水深 (m)	圧力 (気圧相当)	体積変化 (1気圧の時1.0とする)	イメージ	圧力	体積
気泡	0	1.0	1.00 (1/1.0)			
気泡	-25	3.5	0.29 (1/3.5)			
気泡	-50	6.0	0.17 (1/6.0)	気泡	1気圧	1.00

水深0m（1気圧）に対し、水深50mでは気泡体積は1/6となる。

備考：ここでの数値は、ボイルの法則による変化だけであり、ヘンリーの法則（液体に溶解する気体の体積はその気体の圧力に比例する）が加わると、体積変化はさらに大きくなる。

図 2-11 水深変化による気泡の状態変化

②ヘンリーの法則：一定の温度で一定量の液体に溶解（溶解：溶けていること）**する気体の質量はその気体の圧力に比例するという法則**（同じく「広辞苑」より）

地下水が地下から地表に浮上する時、圧力が低くなるため、この法則に従い、地下水中に溶けている気体が、気泡となって現れます。さらに、その気泡は、上記ボイルの法則に従い、圧力低下に伴い、体積が膨張します。

・暮らしの中のヘンリーの法則

炭酸水の入ったペットボトルの栓を開けると、気泡発生を目にすることができます。この気泡は二酸化炭素であり、圧力の高いペットボトル内の炭酸水には多くの二酸化炭素が溶けていますが、栓を開け、その中の圧力が低下することにより、ヘンリーの法則に従い、その溶けている気体の量が減ります。つまり、溶けていた気体（溶存ガス）が気泡（遊離ガス）となって現れます。普段、美味しく飲まれている炭酸飲料は、このヘンリーの法則によって作られているのです。

気泡は気体であり、地下水中では、気泡はこれらの性状を示します。気泡は、シールド機のチャンバー内に注入された後、チャンバー内の圧力が地盤の圧力より高いと、地盤に流出し、地盤内を浮上しながら、圧力が小さくなるため、気泡は大きくなるだけでなく、浮力も大きくなります。また、遊離ガスとして、その気泡量を増やしながら、その上昇速度も速くなり、地盤を破壊するような大きな力となるのです。

参考２－４：ボイルとヘンリーの法則によるチャンバー内の閉塞への影響

気泡は高圧の条件下におかれることにより、①気泡の体積の縮小、及び②地下水中に溶け込んでいる気泡量の増加、この２つの面から気泡の体積は減少します。つまり、その気泡は、**ボイルの法則**によって体積が減少するだけでなく、さらに、**ヘンリーの法則**によって、気泡が地下水中に溶け込み、その体積が減少するため、土砂を泥土にするための流動性の保持が難しくなります。

リニア新幹線（シールド工事範囲）の最深部は、約 90 m（9 気圧相当）であり、大気圧分の 1 気圧を加えると、その圧力は合計 10 気圧。大気圧下、1 気圧の状態から注入された気体体積は、ボイルの法則によるだけでも、水深 90 mで、10 分の 1 になり、ヘンリーの法則により、その体積はさらに小さくなるため、土砂の流動性の保持が十分にできず、チャンバー内が閉塞する可能性は、非常に高まります。

このような 2 つの法則は、土砂の流動性の保持に影響し、「**はじめに**」で記した、「**今回の事故原因究明には、『なぜ、カッター回転不能**（≒閉塞）**が生じたか』という**」、気泡シールドの重要な課題に関わっていると考えますが、本書の主題は、「ガスの挙動」であり、この課題は提起するだけとします。

(2) 自然由来の気体が地盤に与える影響

工事で地盤に注入された空気によって陥没が生じるように、自然由来の気体によって陥没と類似の現象が生じており、その代表的な例は液状化現象です。

液状化現象とは、地震時に地盤が液体状になることで、その現象は、強い地震動が地盤に作用することにより発生するとの考え方が定説です。しかし、液状化現象には、この定説では科学的に説明できない現象が多々あり、筆者は、この定説とは異なる「地震時の震動によって発生する地下水中のガスの挙動により地盤が液体状になる」とする新たな考えを説いており、その考えは、既に 2017 年発行の『**地下ガス**（気体）**による液状化現象と地震火災**（高文研）』（文献 2-2）で示しています。定説では説明できない現象の一つが、液状化現象時、地表に発生するクレーターです。

この液状化現象時のクレーターは、「ガス（気体）の挙動」によって発生することを示しているのであり、その発生過程を「**図 2-12 ガスの挙動と液状化現象の発生過程概念図**」に示しますが、そのポイントは以下の通りです。

①「2, 地震発生時」の地震動による地下ガス（遊離ガス）発生、ガス滞留による圧力上昇と噴砂発生、そして、噴砂発生による地盤内での**空洞発生**です。

②「3, 地震終了後①」の地下ガスの地表への噴出による地下ガス圧力の低下、土砂の吸い込み現象と**クレーターの発生**です。

つまり、「地下ガスによる液状化現象」発生過程の最後に、必然的にクレーターができるのです。

今回の陥没では、液状化現象で生じるようなクレーターは発生していませんが、

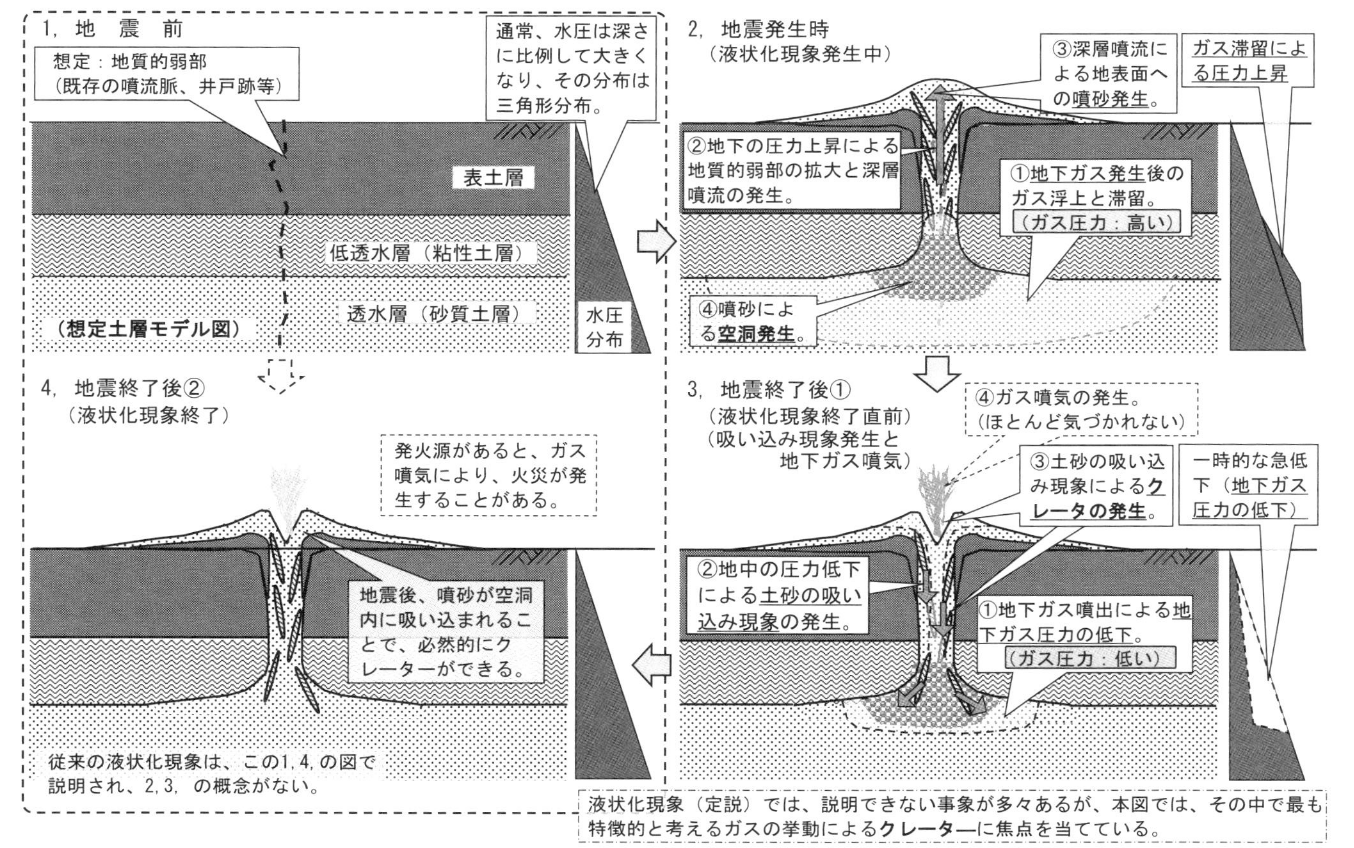

図 2-12 ガスの挙動と液状化現象の発生過程概念図　口絵 9

クレーターそのものが、陥没の一種であり、類似の現象が生じています。その詳細は、第３章で、陥没の条件とその経緯等を明らかにしたのち、その検証結果は、「**図 2-12**」と類似の「**図 3-12 ガスの挙動と陥没発生過程概念図**〈後出〉」に示します。

なお、上記ポイントの中の、ガス滞留による圧力上昇、地下ガス圧力の低下等の圧力変化は、理解しにくい点でもありますが、これまで理解されなかった「ガスの挙動」の基本となる考え方であり、「**図 3-12**〈後出〉」で「**図 2-12**」と類似の説明をします。

このクレーターの発生は、現在の液状化現象の定説では説明できないだけでなく、模擬的な地盤の液状化実験を実施しても、再現できません。ただし、地震動でなく、遊離ガス発生によるとの考えに基づけば、再現可能です。その再現装置は、「**図 2-13 クレーター発生装置概要図**」の通りで、管に入れた土砂を水で満たし、その土砂の下に、遊離ガスの代わりに空気を滞留させ、水圧差によって空気を押し上げ、土砂内に空気を流出させることによって、再現できます。

その装置を用いて、土砂の下に滞留させる空気量の違いにより、次のことが確認できます。

①僅かであれば、クレーターはできない。

②少量であれば、小規模なクレーターができる。

③大量であれば、空気の流出に伴い、土砂が流出し、陥没のような状態になる。
（管に入れた土砂の断面が小さく、クレーターの形にはならない）

「**写真 2-1　再現したクレーター**」は、②の例です。この装置は、ホームセンターで購入できる材料で簡単に作れ、その再現の実施により「ガスの挙動による地盤の液状化」の理解を深めることができます。例えば、上記の確認により、クレーター発生は、発生する気体の量に依存していて、「液状化の被害規模は、従来の地盤の土質性状に加え、気体発生量を考慮しなければ、想定できない」と理解できます。

気泡シールドと圧気シールドで使用される空気は、全く異なった目的で使用されていても、大量に地盤に流出すると、自然由来の地下ガスと同じように、地盤を破壊するような挙動を生じさせます。大量に地盤に流出した空気については、次章に記します。

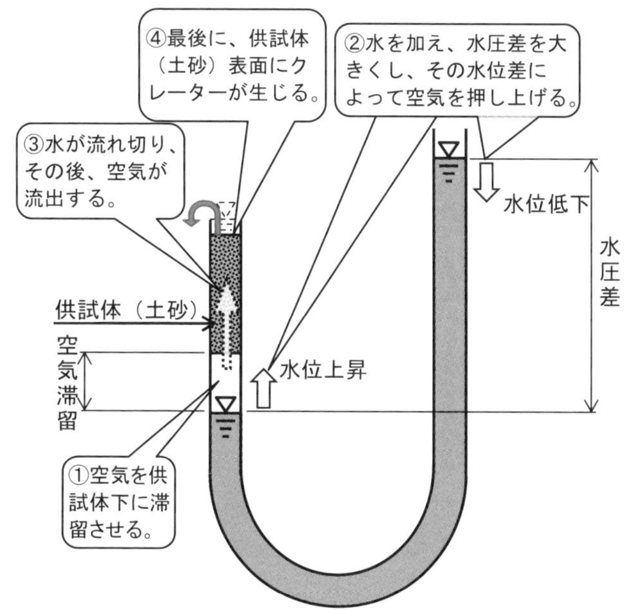

図 2-13 クレーター発生装置概要図

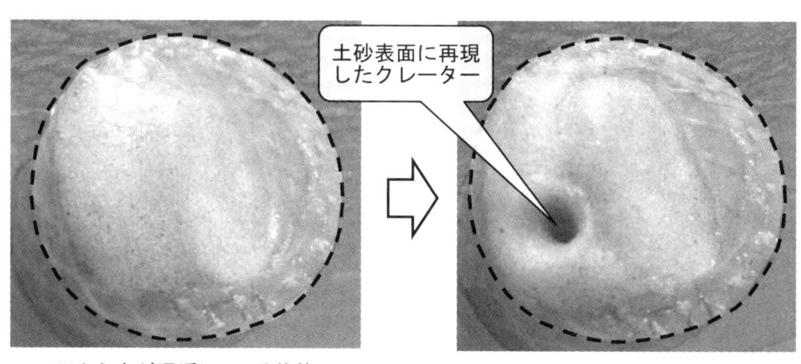

写真 2-1 再現したクレーター (管〈ホース〉を上から撮影。点線が管の外径)

参考図 1　液状化現象時のクレーターの画像とモデル図

1894年庄内地震時のクレーター(噴出孔)

「酒田市対岸飯盛山の麓における砂錐(噴砂)」と震災予防調査会報告第三号で記される。

上記画像と右モデル図の合成図

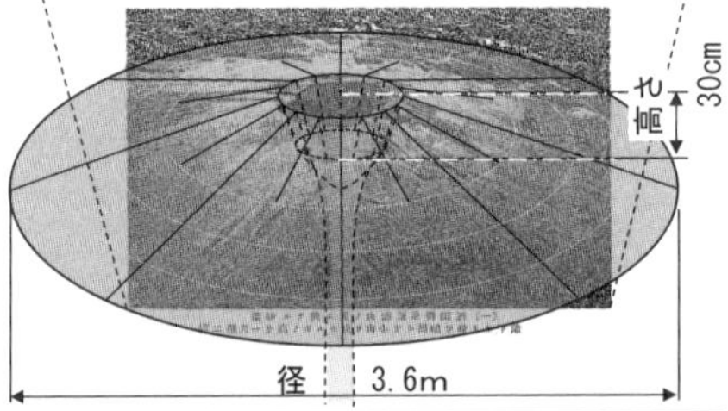

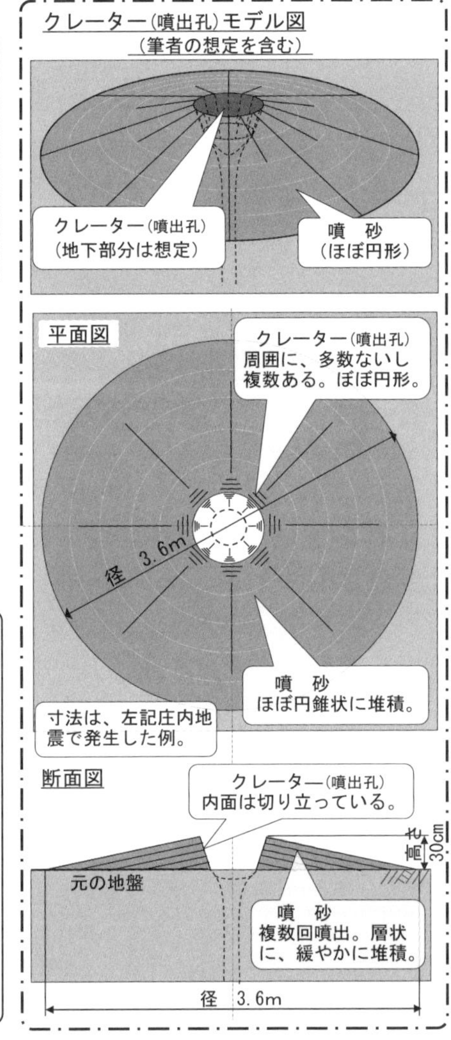

・液状化現象時のクレーター

1964年の新潟地震以降、液状化現象の研究が進み、その現象は明らかになっていると言われていますが、未だ不明点が多く、その一つが地下から噴出した砂（噴砂）の中央にできるクレーター（噴出孔とも称される）です。

最近も、大地震の度に、このようなクレーターが発生しますが、上記のような特徴的画像はあまり公表されていません。

上記画像は、約130年前　1894年に山形県酒田市のほぼ直下で起きたﾏｸﾞﾆﾁｭｰﾄﾞ 7.0の庄内地震時、同市内で液状化によって発生したクレーターです。火山の噴火口のようで、当時としても珍しく、震災予防調査会報告第三号（1895〈明治28〉年）で、大森房吉（後の同調査会会長）によって公表されました。

第3章

陥没の真相

▼3－1　陥没

(1) 陥没発生と主原因

陥没事故発生の翌年、2021年3月に開催された第7回有識者委員会の報告書（文献3-1、以下、第7回報告書と記す）より、事故概要を図に示すと、「**図3-1 調布市東つつじヶ丘付近での陥没状況概要図**」の通りとなり、陥没原因は、第7回報告書の「はじめに」で、以下の通り記されました。

> 今回の陥没や空洞形成は、礫が卓越して介在する細粒分が極めて少ない砂層が掘削断面にあり、単一の流動化しやすい砂層が地表付近まで続くという、東京外環全線の中で特殊な地盤条件となる区間において、チャンバー内の良好な塑性流動性・止水性の確保が困難となり、カッターが回転不能になる事象（閉塞）が発生し、これを解除するために行った特別な作業に起因するシールドトンネルの施工が要因であると推定された。また、結果として土砂の取込みが過剰（≒過剰排土）に生じていたと推定され、施工に課題があった。

この陥没原因の要点は、「チャンバー内の土砂閉塞時、その解除のための特別な作業により、陥没に至った」と判断され、この原因となった特別な作業とは、過剰排土でした。しかし、閉塞解除時、チャンバー内の過剰排土だけでなく、流動性の確保（参照：「**参考1-5：シールド工法　(4) 気泡シールド工法〈土圧シールド〉**」）のために大量の「空気注入」がされており、特別な作業とは「過剰排土」及び「空気注入」であると考えられますが、「空気注入」と陥没の関係は明らかにされていません。

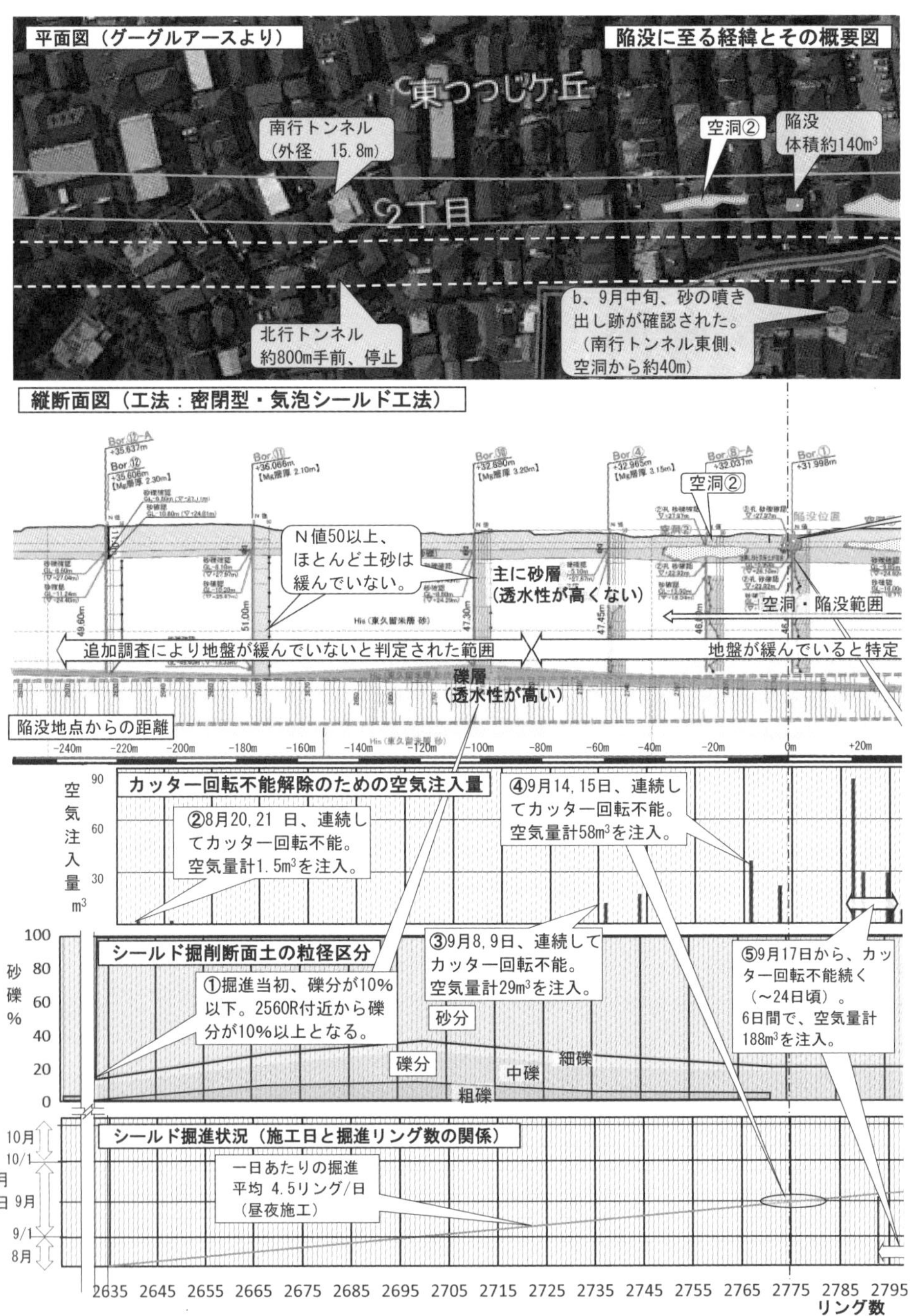

図 3-1 調布市東つつじヶ丘付近での陥没状況概要図　口絵 10

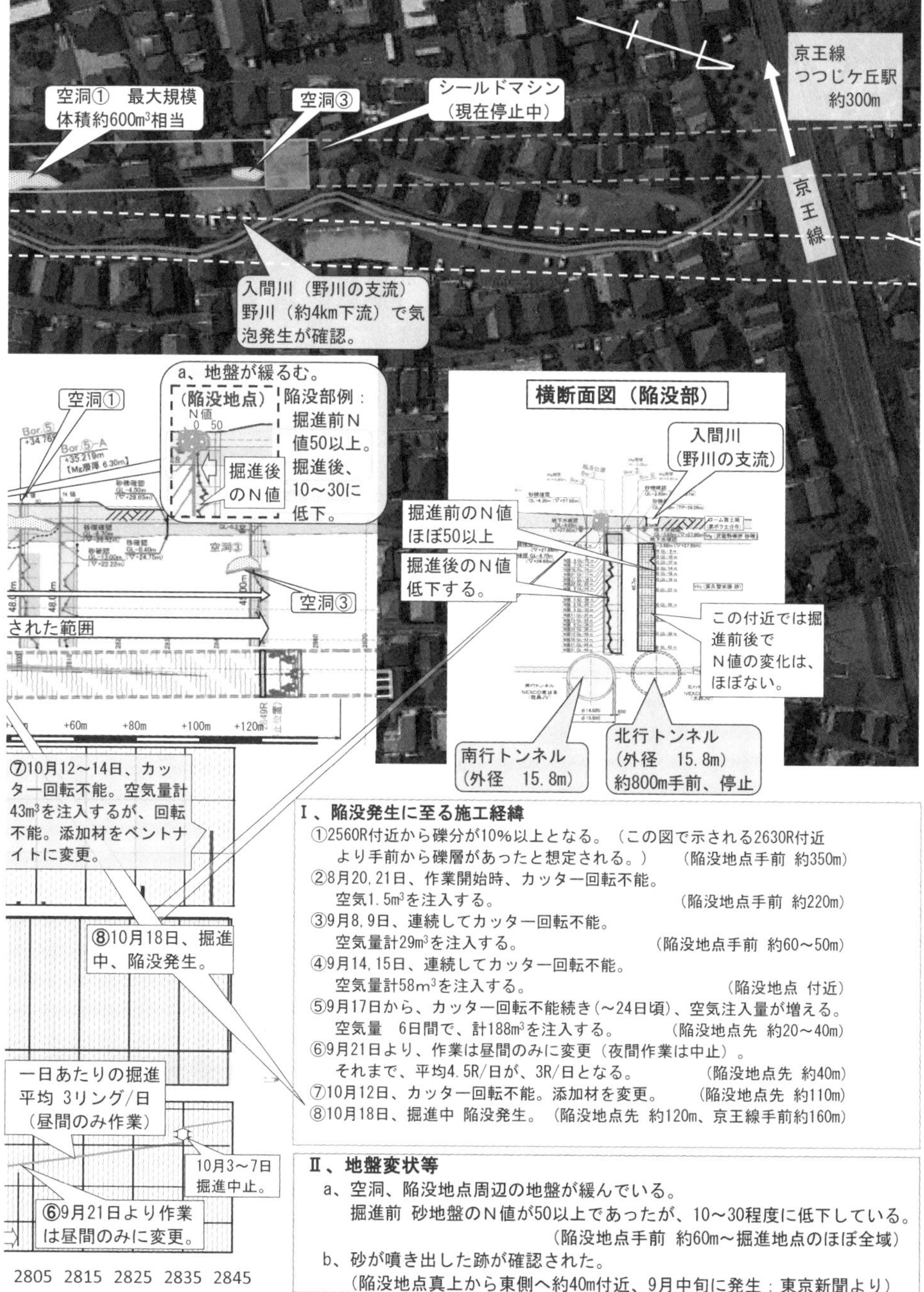

Ⅰ、陥没発生に至る施工経緯

①2560R付近から礫分が10%以上となる。（この図で示される2630R付近より手前から礫層があったと想定される。）　（陥没地点手前 約350m）

②8月20,21日、作業開始時、カッター回転不能。
空気1.5m³を注入する。　（陥没地点手前 約220m）

③9月8,9日、連続してカッター回転不能。
空気量計29m³を注入する。　（陥没地点手前 約60～50m）

④9月14,15日、連続してカッター回転不能。
空気量計58m³を注入する。　（陥没地点 付近）

⑤9月17日から、カッター回転不能続き(～24日頃)、空気注入量が増える。
空気量　6日間で、計188m³を注入する。　（陥没地点先 約20～40m）

⑥9月21日より、作業は昼間のみに変更（夜間作業は中止）。
それまで、平均4.5R/日が、3R/日となる。　（陥没地点先 約40m）

⑦10月12日、カッター回転不能。添加材を変更。　（陥没地点先 約110m）

⑧10月18日、掘進中 陥没発生。（陥没地点先 約120m、京王線手前約160m）

Ⅱ、地盤変状等

a、空洞、陥没地点周辺の地盤が緩んでいる。
掘進前 砂地盤のN値が50以上であったが、10～30程度に低下している。
（陥没地点手前 約60m～掘進地点のほぼ全域）

b、砂が噴き出した跡が確認された。
（陥没地点真上から東側へ約40m付近、9月中旬に発生：東京新聞より）

有識者委員会は、事故の検証結果だけでなく、その検証のための沢山のデータも公表しており、筆者は、それらのデータを、過剰排土だけでなく、空気注入(≒気泡)も影響しているとの視点から、独自に分析した結果、「過剰排土」と「空気注入」が陥没を起こしたとの考えに至りました。ポイントは、人為的に注入されたのち地盤に流出する空気(≒ガス)は、液状化現象を起こす自然由来のガスと同じように、地盤に影響し、陥没を起していることです。以下、陥没の経緯とその独自検証を記します。

(2) 陥没の経緯

「**図 3-1 調布市東つつじヶ丘付近での陥没状況概要図**」には、陥没場所等の位置及びそれら位置でのシールド掘進時期とその条件等を示すと共に「大量の空気注入」との関係性を示しています。以下に、陥没に至る経緯を、ポイントである「大量の空気注入」に絞って記します。専門用語も使用しており、一般の方には理解しにくい点もあると考えますが、一部説明を加えながら記します。

〈陥没発生に至る経緯〉

以下の説明において、Rとは、セグメントのリングの略で、数字は掘進開始地点を0とし、各掘進地点でのリング数。セグメントの長さは 1.6 m、陥没地点は 2,774 Rで、掘進開始から約 4,438 m〈1.6 m / R ×2,774 R〉の距離です。

① 2,560 R付近から礫分が 10%以上となる(礫が多いと掘削土の流動性の保持が難しくなり、カッター回転不能が生じやすくなる)。陥没地点手前　約 350 m

② 8 月 20, 21 日、連続してカッター**回転不能**。
空気量　計 1.5㎥を注入。陥没地点手前　約 220 m

③ 9 月 8, 9 日、連続してカッター**回転不能**。
空気量　計約 29㎥を注入。陥没地点手前　約 60 ～ 50 m

④ 9 月 14, 15 日、連続してカッター**回転不能**。
空気量　計約 58㎥を注入。陥没地点付近

⑤ 9 月 17 日から、カッター**回転不能**続き(～ 24 日頃)、空気注入量が増える。
空気量　8 日間で、**計約 188㎥**を注入。1 リングでの最大空気注入量 **83㎥**。
陥没地点先　約 20 ～ 40 m

⑥ 9月21日より、作業は昼間のみとする（9月21日以前は、昼夜間作業）。
作業時間の短縮により、掘進速度一日平均4.5リング（7.2 m / 日）が、この日以降、同3リング（4.8 m / 日）と遅くなる。陥没地点先　約40 m

⑦ 10月3～7日の掘進の中止（段取り替えのため）を経て、10月12～14日、カッター**回転不能**。**空気量　計43㎥**を注入するが、**回転不能回復せず**。流動性の保持のための空気注入を止め、添加材をベントナイトに変更し、回転を回復させる。陥没地点先　約110 m

⑧ 10月18日、陥没地点先　約120 m掘進中、2,774 R付近で陥没が起きる。
以上、③～⑤、⑦で、**総空気量　計318㎥**でした。

さらに、陥没発生後、事業者が実施した追加調査によって、陥没地点の前後3か所で、大きな空洞が見つかり、陥没地点のその体積が約140㎥に対して、3ケ所での空洞の体積は合計で約890㎥相当でした。

なお、過剰排土も事故の一因で、空洞・陥没時の計4回（③～⑤、⑦）の過剰排土量は、後出の「**図3-6 陥没・空洞及び空隙発生状況と排土・空気量の関係図**」に示す通りで、合計で361㎥ですが、②でも61㎥の排土があり、その総合計422㎥。各々の陥没・空洞等発生箇所付近で、その量に違いがありますが、大量の過剰排土がありました。

▼3－2　陥没及び関連事象

(1) シールド真上の緩み

これら陥没・空洞の確認後、周辺の地盤調査が実施されました。その概要は「**図3-1**」の中段に示す縦断面図の通りで、第7回報告書では、シールド掘進部のほぼ真上で緩みが生じているとし、閉塞が生じた2,630 R（陥没地点手前　約240 m）からシールド機が停止した位置（陥没地点先　約120 m）まで、延長約360 mが緩み範囲と判定されました。

その後、シールド上部の地盤の緩みを判定するための追加調査が行われ、事業者である東日本高速道路㈱が、2021年9月に「**トンネル坑内からの調査結果に基づく地盤補修範囲の特定について**」との表題を公表し、緩み範囲は次の通りとなりました。なお、追加調査とは、シールド坑内の天井部からロッドを地盤に貫入することにより、地盤の緩みを判定する調査で、その結果は「**図 3-2 トンネル坑内からの緩み調査結果と地盤補修範囲　縦断図**」の通りです。

緩み範囲は、シールド機が停止している付近から、陥没地点を経て、空洞②の南方約 60 mまで、合計延長約 220 mと判断された。同年 3 月の報告より、その範囲は約 140 m短くなる。

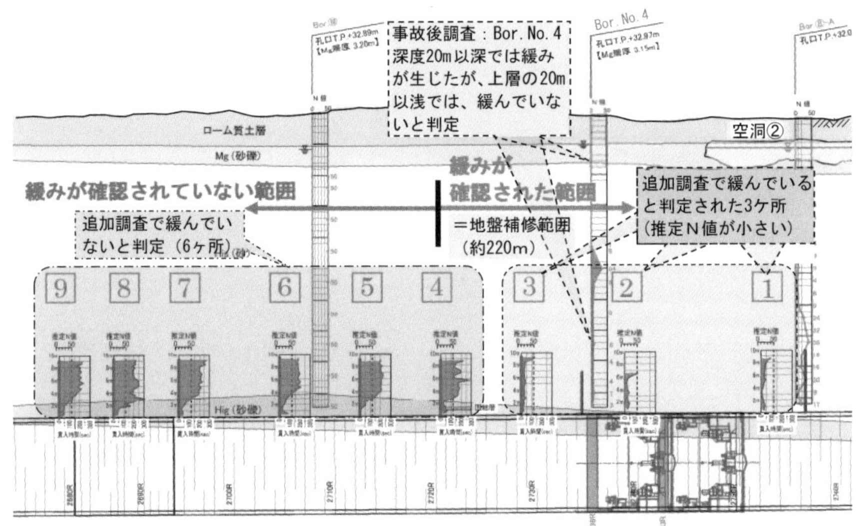

図 3-2 トンネル坑内からの緩み調査結果と地盤補修範囲　縦断図

また「緩んでいると判定された範囲内」には、Bor.No.4（2,736 R付近）の調査が、陥没発生後に実施されていて、「**図 3-3 Bor.No.4 地盤の緩み状況　概要図**」に記す通り、N値が大きく低下（深さ 20 m以深　平均 8）しているだけでなく、ボーリング調査時、コアが採取できない箇所があり、緩んでいました。以下、第 7 回報告書等から読み取れる緩みに関するポイントを記します。

ボーリング調査時にコアが採取できなかった「コア無し（コア流出)」の箇所が、不連続に多数あり、同図の通り、N値により緩んでいると想定された約 25.8 mの間（深さ 20.8 ～ 46.6 m）で、その合計長さは約 7.55 m、つまり、「コア無し」

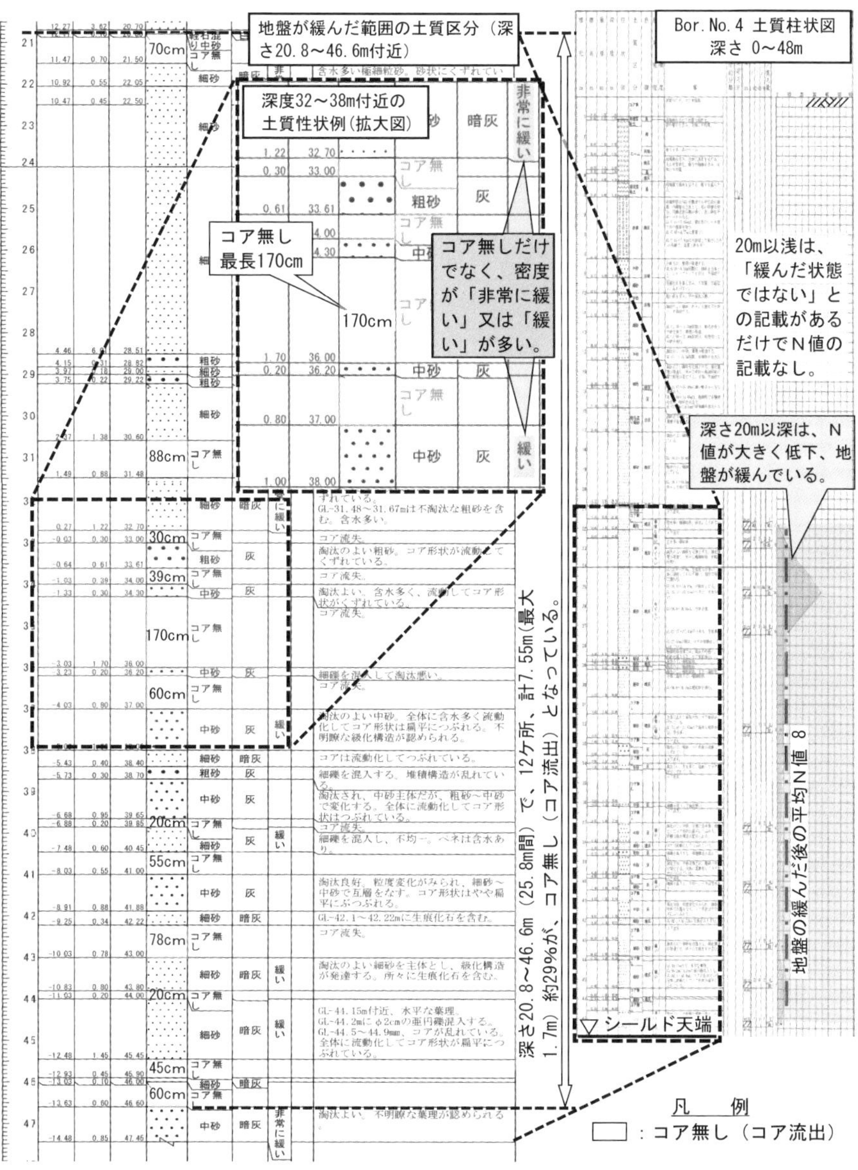

図 3-3 Bor.No.4 地盤の緩み状況　概要図

の比率は高く、約29％（7.55 m /25.8 m≒29％）でした。かつ、コアが採取出来た範囲でも、同じく同図の通り、その「相対密度」は「非常に緩い」或いは「緩い」となっており、その範囲は大きく緩んだと考えられます。

なお、緩んでいないと判定されたBor.No.4よりも南側で、同時期に実施されたボーリング調査（具体的には、Bor.No.10～12）では、「コア無し」は、ないと共に、この付近の相対密度は「非常に密な」となっており、Bor.No.4の「緩み」は、シールド工事によって生じたと考えられます。

(2) シールド周辺（真上以外）の緩み

さらに、シールド掘進部周辺でも、Bor.No.4と類似の調査結果が、第7回報告書の「参考資料」「1.4 ボーリング柱状図」に記されていました。具体的には、陥没周辺でシールドから離れた2箇所（Bor.No.6、7）でボーリング調査が実施されていて、それらの空隙状況等は「**図3-4 シールド周辺の多様な陥没・空洞及び空隙等の発生概要図**」に示しますが、そのポイントは、以下の通りでした。

> シールド掘進は南から北に進んでいるのに対して、陥没地点を挟んで、Bor.No.7は、シールド端部から西に約22 m、Bor.No.6は東に約7 mの位置にあった。調査は地表からシールド上端付近（深さ約46 m）まで実施され、シールド掘進深さに近い地盤（地表から20～46 mの深さ）では、N値は50以上で、地盤は硬いと判定されても、Bor.No.4と同じように、不連続に多数の空隙が確認された。つまり、地盤の緩みは、シールド真上だけでなく、その両サイドに広がっている可能性があると考えられる。特に、図3-4に示すような、Bor.No.7の深さ約40 mでの空隙の発生は、通常では起こりえない現象だった。

この通常では起こりえない現象とは、シールド下面から安息角と呼ばれる角度で引かれたラインの下側に、緩みの一種である空隙（≒コア無し）が生じていたことです（参照：図3-4に記す安息角とは、土砂を積んだ斜面が崩れ落ちないで安定している最大角度で、この図では45度としている）。なぜなら、土質力学的には、シールド掘進によって、緩みが生じたとしても、このラインの下方には緩みが生じないからです。

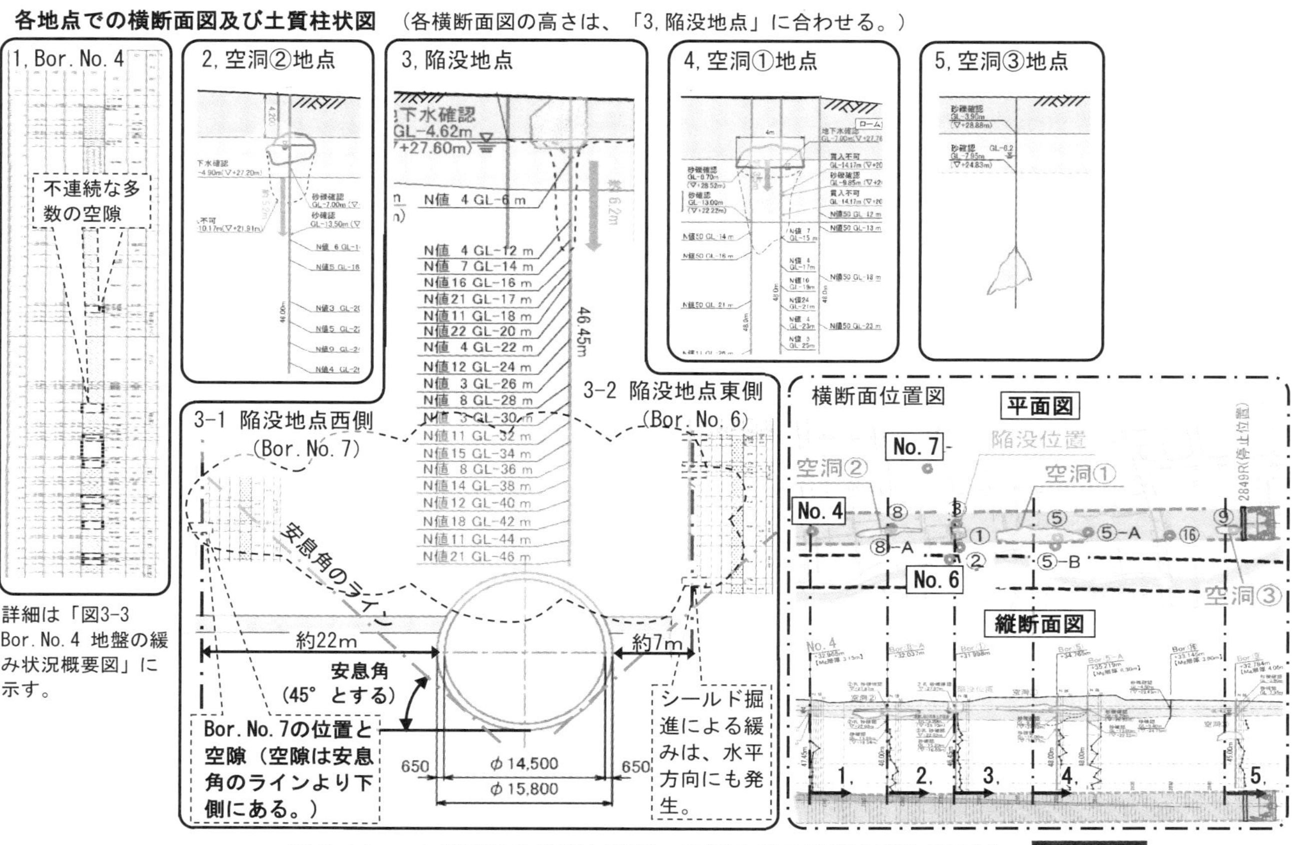

詳細は「図3-3 Bor. No. 4 地盤の緩み状況概要図」に示す。

図 3-4 シールド周辺の多様な陥没・空洞及び空隙等の発生概要図　口絵 11

そして、なぜ、土質力学的に生じない緩みが生じたか？　その原因には、２つの条件が重なったことによると考えられます。一つは、水平方向に広がる透水性の高い地盤が、この付近（深さ約 40 m）にあること、もう一つは、注入された空気がその付近の深さに流出したことです。それら条件により、一時的に地盤に流出した空気が、その後、チャンバー内の圧力低下により、チャンバー内に逆に流入した時、土砂も一緒に流入し、その土砂の流入により、空隙が生じたと考えられます。

地盤に気泡が流出すると、思わぬところに影響が生じること、つまり、安息角で引いたラインの下側に空隙があることが、「ガスの挙動」を教えてくれているようです。

また、陥没後、地表面の沈下が計測されており、その公表されたデータは「**図 3-5 陥没地点付近の地表面変位計測結果（2021 年２月の計測）**」の通りでした。

これらデータ等の検証後、第７回報告書に記された有識者委員会の見解は「**緩み領域が煙突状に上方に進展し、陥没・空洞の要因となったと推定される**（『6.2

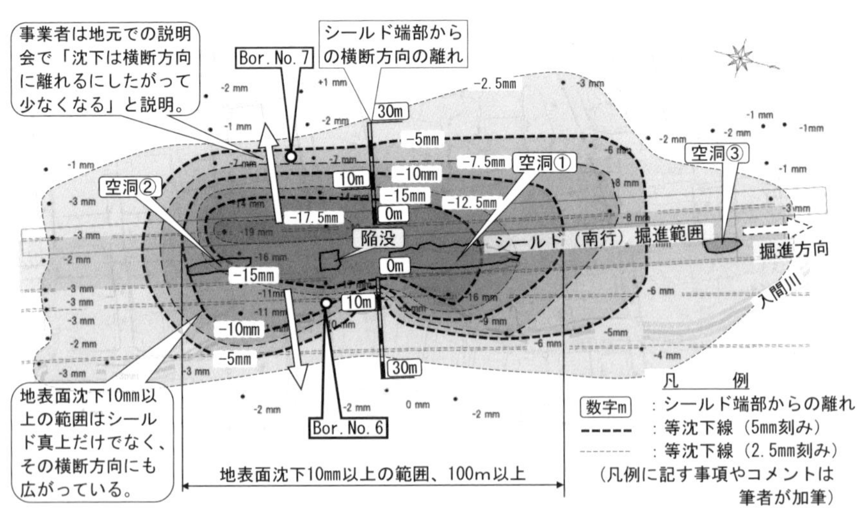

図 3-5 陥没地点付近の地表面変位計測結果（2021 年 2 月の計測）

陥没・空洞形成における想定される要因のまとめ』より)」となっていました。また、事業者は、有識者委員会報告を受け、「**東京外かく環状道路工事現場付近での陥没事故等に関する説明会**」を地元で開催(2021〈令和3〉年4月、10か所〈調布市含む8市区〉)し、その説明会のビデオ資料の中で同様の図を示し、「**トンネル横断方向に離れるにしたがって変位量**(=沈下量)**は少なくなっている**」と説明しています。

確かに、同図から読み取れる横断方向の沈下量の全体的傾向は、その説明の通りであり、かつ陥没及び空洞①、②発生地点以外で、シールドから離れた範囲では、その沈下量が数mm以内と僅かでした。しかし、陥没及び空洞①、②発生付近では、シールドから離れた範囲でも、明らかな沈下が生じていました。例えば、沈下量10mm以上の変状範囲は、「**図3-5**」に示すように、陥没及び空洞①、②発生付近のシールド方向100m以上の範囲で、シールド真上だけでなく、その横断方向にも広がっています。

また、「(衛星データの解析で地盤変動を調べた結果)**陥没現場の東側で1cm以上沈んだ地点が続出。**(中略)**変動幅は最大で3cmを超えた。トンネル真上以外でも1cm以上の変動が多数あった。**」と、2020年12月18日の日本経済新聞朝刊で報道されました。それらの変動は小さくなく、そのような変動のあった範囲で、Bor.No.6、7が実施されていて、その深部には空隙が発生しています。

なお、第7回報告書の「参考資料」に記載されたBor.No.6、7の「コア無し」は、その報告書では、検証の対象となっていません。この深部に発生した空隙は、初期の地盤変状であり、その後の陥没に影響していた可能性がありますが、軽視されたようです。

既に第2章で陥没に関連する新聞報道として、以下の3つを記しましたが、これらも、シールド周辺での地盤変状の一種であり、地盤変状はシールド掘進の真上以外でも発生しています。

①地中での振動(陥没)等の異変、②地表への砂の噴出、③地表付近の空隙

これら空隙・空洞・陥没及び上記3つの新聞報道の変状は、各々別の地点で

発生していますが、それらは、陥没に至るまでの途中時点での地盤変状であると考えることもできます。以下、閉塞時の特別な作業の実態をまとめた後、上記地盤変状の発生経緯を検証することにより、陥没原因を明らかにします。

▼３－３　閉塞時の特別な作業と陥没等との関係

今回の陥没は、閉塞解除のために実施した特別な作業である「過剰排土」と「空気注入」に起因して発生したと考えられ、各々の作業位置とその数量を「**図3-6 陥没・空洞及び空隙発生状況と排土・空気量の関係図**」に示します。そのポイントは、次の通りです。

ただし、過剰排土と空気注入の影響がでるシールド機前面は、セグメント組立て位置に対して、約７リング分前方にあるため、その関係の検証にあたり、過剰排土と空気注入の実施地点は、その組立て位置に対して、７リング分（11.2 m）前方にあるとして、同図に表示してあります（同図中では、2,810 Rを例にして、説明)。

①陥没及び空洞（3か所）発生箇所の下方で、大量の過剰排土と大量の空気注入があった。過剰排土量及び空気量は、各々合計で361㎥、318㎥。陥没及び空洞の計４か所での平均は、過剰排土量が約90㎥、空気量が約80㎥であり、排土量はダンプトラック約15台分（6㎥/台として換算）に相当する量で、空気量もそれに匹敵する量であった。特に、空洞規模が最大となった空洞①（充填量約600㎥）下方での閉塞時、一か所で最大83㎥の空気が注入された。

　なお、同図に記す空気注入量及び排土量は、１リング当たりの量であり、閉塞が回復しない場合、何回かに分けて、繰り返し、断続的に実施されている。

②最も南側に発生した空洞②の南方、約20 mの地点（Bor.No.4付近）の下方では、大量の過剰排土と空気注入は実施されておらず、変状は地表に現れていなかったが、ボーリング調査によって、地盤内に空隙があることが確認された。

③ Bor.No.4より発進（南）側でも、閉塞が発生し、特別な作業として過剰排土は実施されたが、空気注入は少なく、その範囲で地盤変状は確認されていない。

つまり、閉塞が発生し、特別な作業（過剰排土及び空気注入）を実施しても、すべての範囲で、陥没ないし空洞が発生しているわけではなく、それら作業と地

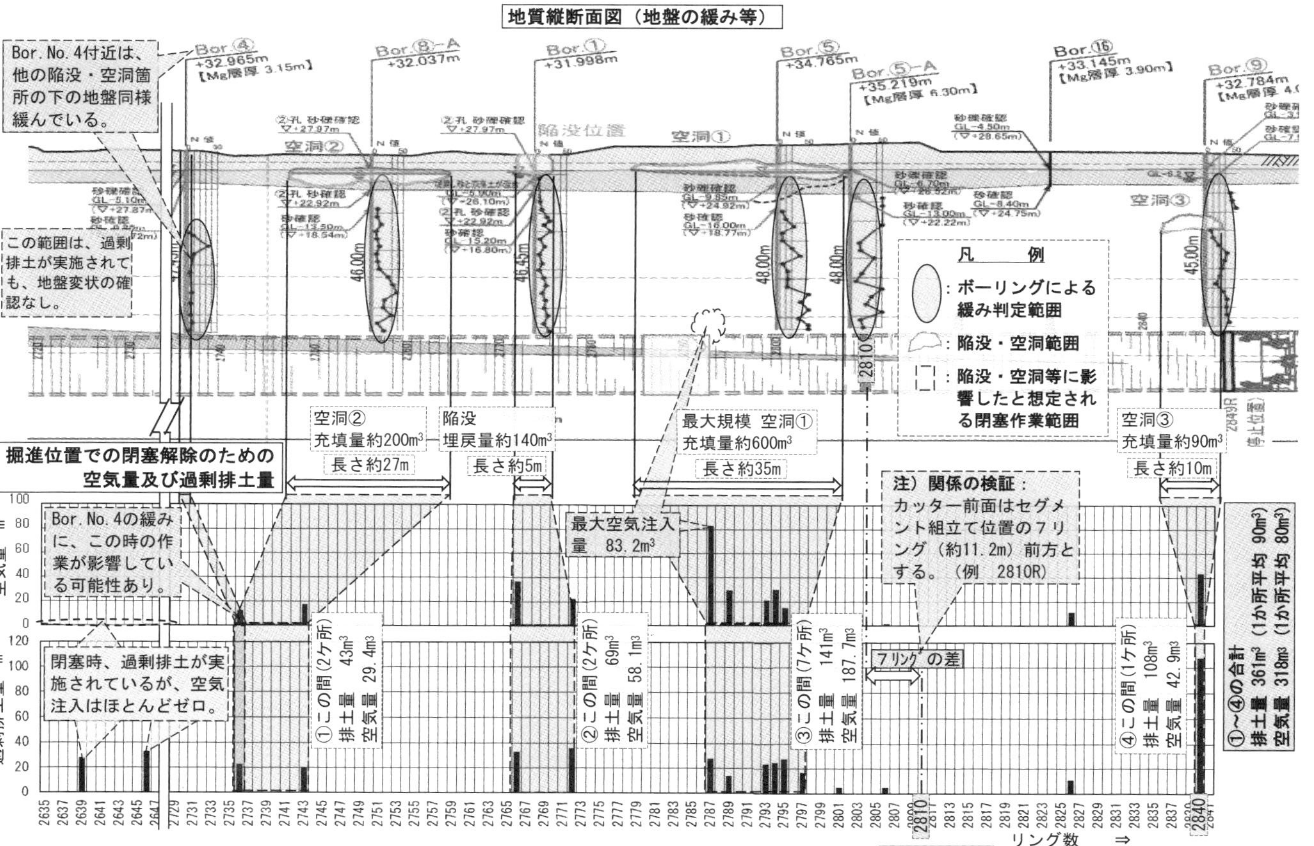

図 3-6 陥没・空洞及び空隙発生状況と排土・空気量の関係図 口絵 12

盤変状の関係は単純ではありません。「**図 3-6**」を、地盤変状の視点から整理し直すと「**図 3-7 閉塞対策と地盤変状の想定関係図**」の通りとなります。ここでは、地盤変状を次の３つに大別しています。一つは、陥没に至る前には空洞があったと考えられ、陥没・空洞を合わせ、「陥没等」とし、もう一つは、Bor.No.4 等で発生している空隙を、「空隙等」とします。さらに、閉塞作業を実施しても、ほとんど地盤変状がない箇所があり、「地盤変状なし」とします。

上記３つに分類された地盤変状は、閉塞時の特別な作業が影響しており、各々の地盤変状の発生過程とそれら特別な作業との関わりを、以下に記します。なお、この説明の中の「注入された空気は、シールド機周辺に流出すると、その圧力はある程度保持される。（中略）その範囲の地盤に空隙が生じやすい。」は、専門的な説明が必要であり、別途「**3-4 陥没発生のメカニズム (3) 圧力変化に着目した地盤変状**〈p106〉」で後述します。

①範囲　A　地盤変状なし

特別な作業のポイント：過剰排土のみ

この範囲の閉塞後の特別な作業は、過剰排土のみで、空気注入はほとんどない。過剰排土の影響はシールド機周辺に広がり、空隙等が限定的範囲に発生した可能性はあるが、その範囲の空隙は裏込注入で充填され、地盤変状はほとんど生じない。

②範囲　B　地盤変状：陥没等

特別な作業のポイント：大量の過剰排土と大量の空気注入

この範囲の閉塞後の特別な作業は、大量の過剰排土と大量の空気注入であった。注入された空気は、シールド機周辺に流出すると、その圧力はある程度保持される。そのため、過剰排土時、チャンバー内の圧力が低下すると、その圧力差が大きくなるため、チャンバー内に地盤の土砂が流入しやすく、流入後、その範囲の地盤に空隙が生じやすい。さらに、過剰排土と空気注入を繰り返すことにより、その空隙範囲は広がり、シールド機から離れた範囲の空隙には裏込注入による充填ができない。その後、シールド掘進は直接関係しないが、その空隙には上方から土砂が崩れてきて、空洞が発生。その影響

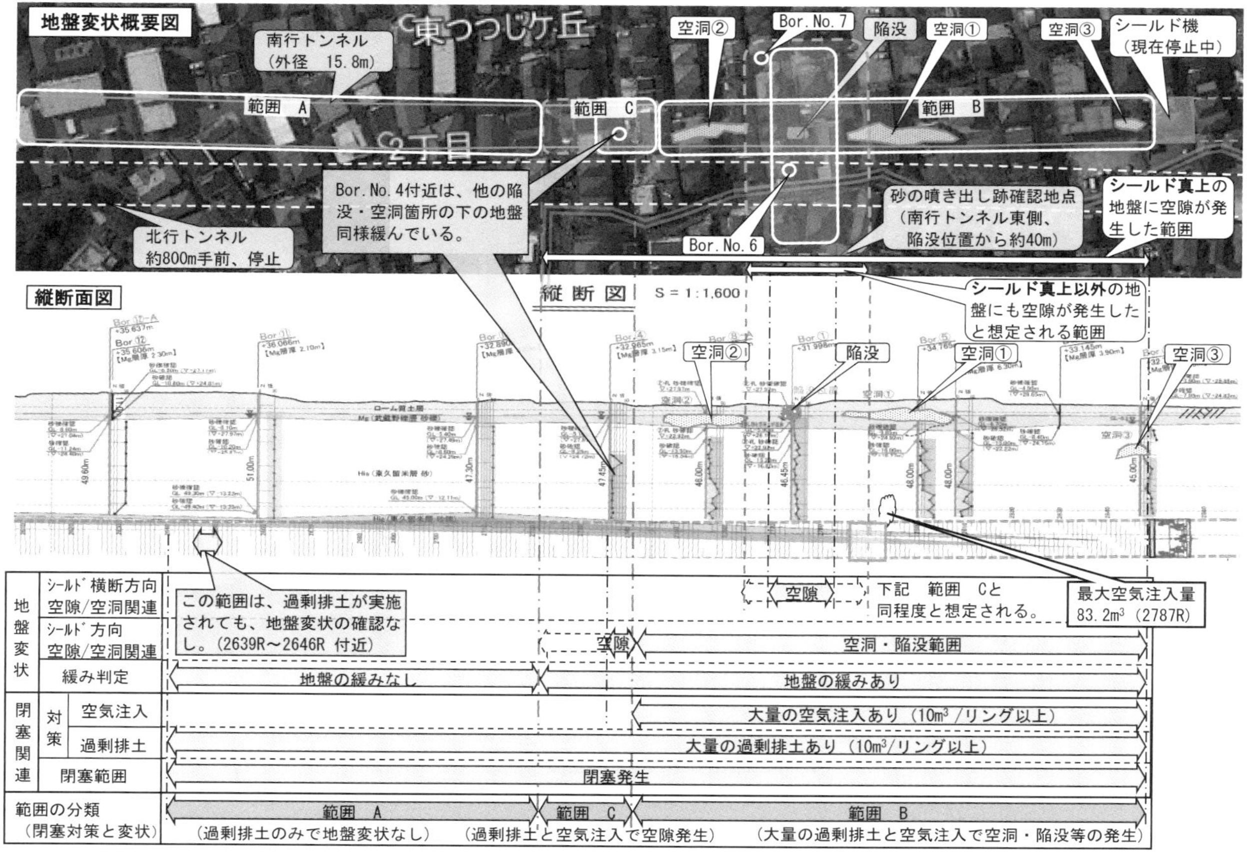

地盤変状概要図

東つつじケ丘
2丁目
南行トンネル（外径 15.8m）
範囲 A
範囲 C
範囲 B
空洞②
Bor. No. 7
陥没
空洞①
空洞③
シールド機（現在停止中）
Bor. No. 4付近は、他の陥没・空洞箇所の下の地盤同様緩んでいる。
北行トンネル 約800m手前、停止
Bor. No. 6
砂の噴き出し跡確認地点（南行トンネル東側、陥没位置から約40m）
シールド真上の地盤に空隙が発生した範囲
シールド真上以外の地盤にも空隙が発生したと想定される範囲

縦断面図

縦断図 S = 1 : 1,600
空洞②
陥没
空洞①
空洞③
49.60m
51.00m
47.30m
47.45m
48.00m
46.45m
48.00m
48.00m
45.00m
ローム質土層
この範囲は、過剰排土が実施されても、地盤変状の確認なし。（2639R～2646R 付近）
最大空気注入量 83.2m³（2787R）

区分		範囲A	範囲C	範囲B
地盤変状	シールド横断方向 空隙/空洞関連			空隙（下記 範囲 Cと同程度と想定される。）
	シールド方向 空隙/空洞関連		空隙	空洞・陥没範囲
	緩み判定	地盤の緩みなし	地盤の緩みあり	地盤の緩みあり
閉塞関連	対策 空気注入			大量の空気注入あり（10m³/リング以上）
	対策 過剰排土	大量の過剰排土あり（10m³/リング以上）	大量の過剰排土あり（10m³/リング以上）	大量の過剰排土あり（10m³/リング以上）
	閉塞範囲	閉塞発生	閉塞発生	閉塞発生
範囲の分類（閉塞対策と変状）		範囲 A（過剰排土のみで地盤変状なし）	範囲 C（過剰排土と空気注入で空隙発生）	範囲 B（大量の過剰排土と空気注入で空洞・陥没等の発生）

図 3-7 閉塞対策と地盤変状の想定関係図 口絵 13

が上方に広がり、最終的に地面が陥没する。

③範囲　C　地盤変状：空隙等

特別な作業のポイント：過剰排土と空気注入

この範囲の閉塞後の特別な作業は、過剰排土と空気注入であった。地盤変状は、範囲Bと同じように進んだが、注入された空気量は少なく、その影響は大きくないため、発生した空隙は限定的であり、空洞の発生に至らない。また、大量の空気が注入された箇所、具体的には「**図3-7**」に示す陥没地点周辺では、その空気が広い範囲に流出するため、シールド真上が範囲Bになるのに対し、シールド端部から離れた範囲（シールド横断方向）は、範囲Cと同程度の地盤変状が生じる。

▼3－4　陥没発生のメカニズム

(1) 現在考えられているメカニズム

第7回報告書のデータから得られた特別な作業と地盤変状の関係が、「**図3-7**」の通りであったのに対し、有識者委員会は特殊な地盤条件であるとの見解を示しながらも、その報告書で「**カッターが回転不能になる事象（閉塞）を解除するために行った特別な作業に起因するシールドトンネルの施工が陥没・空洞現象の要因と推定される**（『6. 陥没・空洞の推定メカニズム』の『総括』より）」と公表し、その陥没に関わるメカニズムを以下のように記しています（参照：「**図3-8『過剰排土』による陥没発生推定メカニズムの図**」）。

①カッターを再回転するために、チャンバー内の締まった土砂を一部排出（≒過剰排土）する。

②チャンバー内圧力の低下防止のため、直ちに排出土砂分の起泡溶液（気泡材）と置き換える。

③この際、土圧に不均衡が生じる（≒チャンバー内の圧力が低下する）。

④地盤から土砂がチャンバー内に流入する。

⑤地盤に緩みが発生する。

⑥煙突状に上方へ拡大。（以上①～⑥は、同図の「③閉塞解除作業」の説明）

結果として、空洞が生じ、陥没に至るとしていて（同図の「④掘進再開後」）、

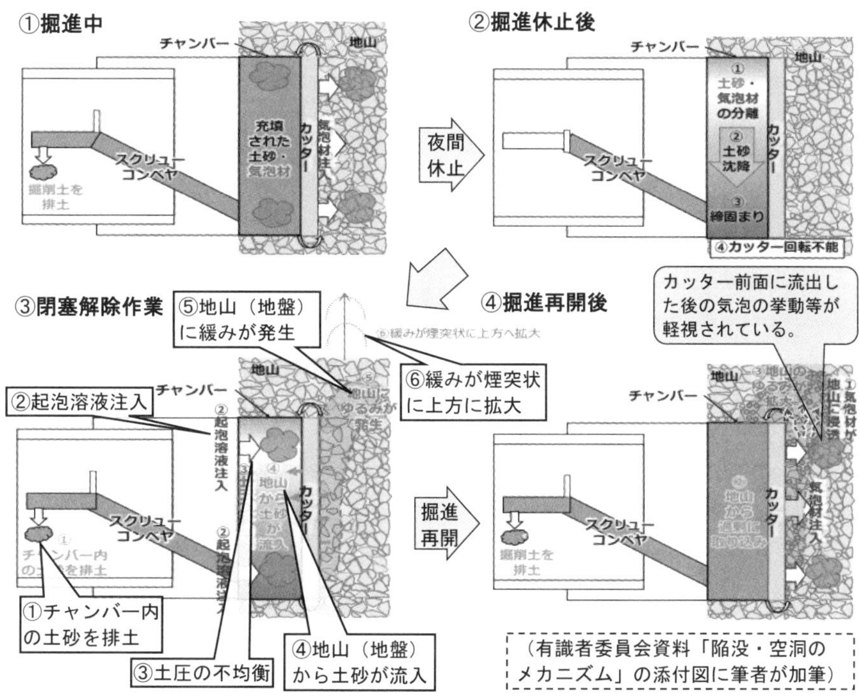

図 3-8「過剰排土」による陥没発生推定メカニズムの図

気泡の地盤への流出と陥没との関係は、以下に記す通りで、軽視されています。

第７回報告書の「6. 陥没・空洞の推定メカニズム」に「**気泡材が地山**（≒地盤）**に浸透**（≒流出）」と記され、また、地盤に流出した空気は、「**空気の塊**」と表現され、その塊の上昇による影響を陥没等の要因として挙げている。しかし、「**空気の塊**」は「**土粒子に与える影響は小さいと考えられることから、陥没・空洞の要因である可能性は低い**」と考察されている。

また、第７回報告書には、今後の工事実施に当たって、閉塞を生じさせない対策の検討が記されているものの、その対策は必ずしも十分でないと認識しているためか、万が一閉塞が生じた場合、地盤を緩めない対応として、「**カッター回転不能（閉塞）時の対応：工事を一時中断し、原因究明と地表面に影響を与えな**

い対策を十分に検討（『8. 再発防止対策について』より）」と記されています。そもそも、陥没発生の発端はチャンバー内の閉塞発生であり、検証の重要度で比べれば、「閉塞解除のための特別な作業」の検証より、閉塞発生原因の検証の方が高いにもかかわらず、陥没発生の直接の原因となった「閉塞解除のための特別な作業」に焦点が当てられ、閉塞発生にはあまり焦点が当てられていないようです。

(2) 新たな発想からの検証（筆者の考え）

筆者が考える空気注入による圧力変化を「**図 3-8**」に書き加え、そのメカニズムを修正すると、「**図 3-9『空気注入』による陥没発生推定メカニズムの図**」の通りとなります。この現象には、気泡が深く関わっており、ポイントは以下の通りです。

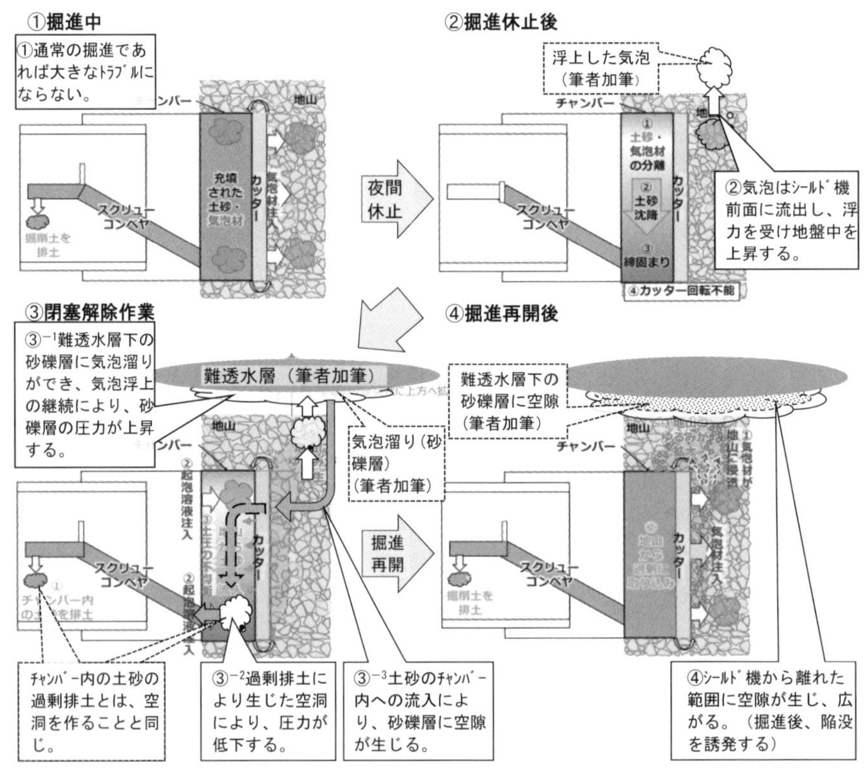

図 3-9「空気注入」による陥没発生推定メカニズムの図

①掘進中：通常の掘進であれば大きなトラブルは発生しない。

②掘進休止後：気泡はシールド機前面に流出し、浮力を受け、地盤中を上昇する。

③閉塞解除作業：難透水層の下の砂礫層などに気泡溜りができる。気泡浮上継続と滞留量増加により、砂礫層の圧力が上昇する。そして、過剰排土の再実施により、チャンバー内の圧力が再度低下し、過剰排土により生じたチャンバー内の空洞部分に、流出した気泡だけでなく、周辺の地下水及び土砂が流入し、気泡が滞留していた砂礫層に空隙が生じる。

④掘進再開後：チャンバー内の過剰排土の再実施等に伴って、シールド機から離れた範囲に空隙が広がる。ただし、その時点では、空洞ができても、難透水層等が空洞を保持できる耐力を有しており、その影響は地表まで及ばない。

②の気泡上昇は、水中における単純な気泡の挙動で、③の圧力上昇は、気泡が浮上しても、限られた容積の中（≒地盤の中）で、気泡の体積が十分に膨張できなければ、ボイルの法則に従い、その圧力が保持される現象です。

参考３－１：気泡挙動の画像

シールド機前面から流出する気泡がどのように広がるか、その広がりを表わす画像があり、「**図3-10 空気注入後の気泡の想定挙動**」の通りです。大気圧下の条件であれば、同図に示すように、流出した気泡は重力により落下し、その後、気泡は床面上に広がります。

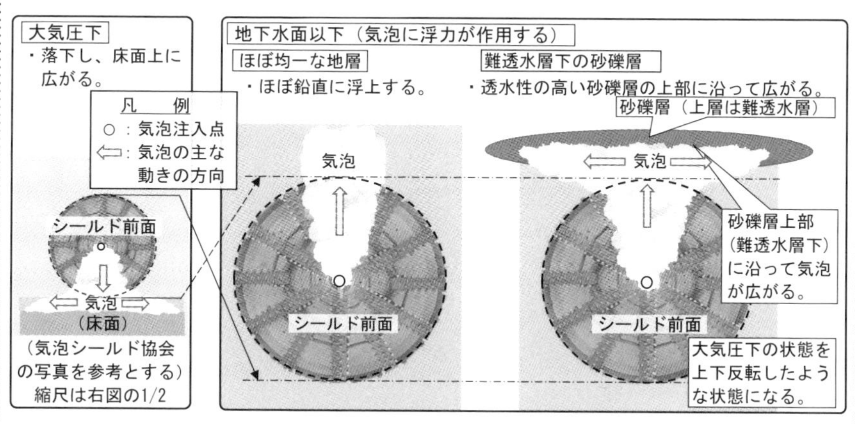

図3-10 空気注入後の気泡の想定挙動

3章 陥没の真相

一方、地盤内では、地盤が地下水に満たされており、気泡に地下水による浮力が作用し、逆に上昇します。そして、その上部に難透水層があると、上昇が止まり、その後、大気圧下では気泡が床面上に広がるように、難透水層下の砂礫層上部に広がります。「**図 3-10**」の「地下水面以下、難透水層下の砂礫層」と「**図 3-9**」の「③閉塞解除作業」の２つの図は、同等の状態を示しています。

陥没は、シールド掘進後、約１ケ月を経て起きています。したがって、シールド周辺の各々の箇所で確認されている地盤変状（空隙、空洞等）は、この約１ケ月間に、時系列的に発生・進行し、最終的に陥没に至ったと考えられます。シールド掘進から陥没に至る地盤変状の進行想定図は、「**図 3-11 地盤変状モデルとその進行想定図**」の通りで、以下、その説明です。

①閉塞解除時の空気注入により、先ず、気泡がシールド機から地盤に流出。その後の過剰排土によって、気泡がチャンバー内に流入。同時に周辺地盤の地下水及び土砂がチャンバー内に流入。土砂の流入によって、地盤に空隙ができる。その空隙発生は、空気（気泡）の流れに依存し、シールド真上及び水平方向に発生する。
②過剰排土・空気注入の繰り返しにより、気泡流出範囲はさらに広がり、その範囲内に不連続で多数の空隙が発生する。
③その後（シールド機内でのセグメント組立て後）、シールドの掘進とはほとんど関係なく、上記小さな空隙が詰まりながら、上方から下方へ土砂が落下し、空隙上方の比較的深い部分に空洞ができる。
④さらに、上方の土砂が下方の空洞内に落下し、浅部に空洞ができる。
⑤最終的に、地表付近の土砂が空洞内に落下し、地面に陥没ができる。

(3) 圧力変化に着目した地盤変状

空洞・空隙等があると、「重力に従い、土砂が落下」及び「地下水流に従い、土砂がその方向に移動」することにより、地盤変状は進行していますが、この２つの力だけでなく、シールド機から流出した空気、特にその圧力変化が、その変

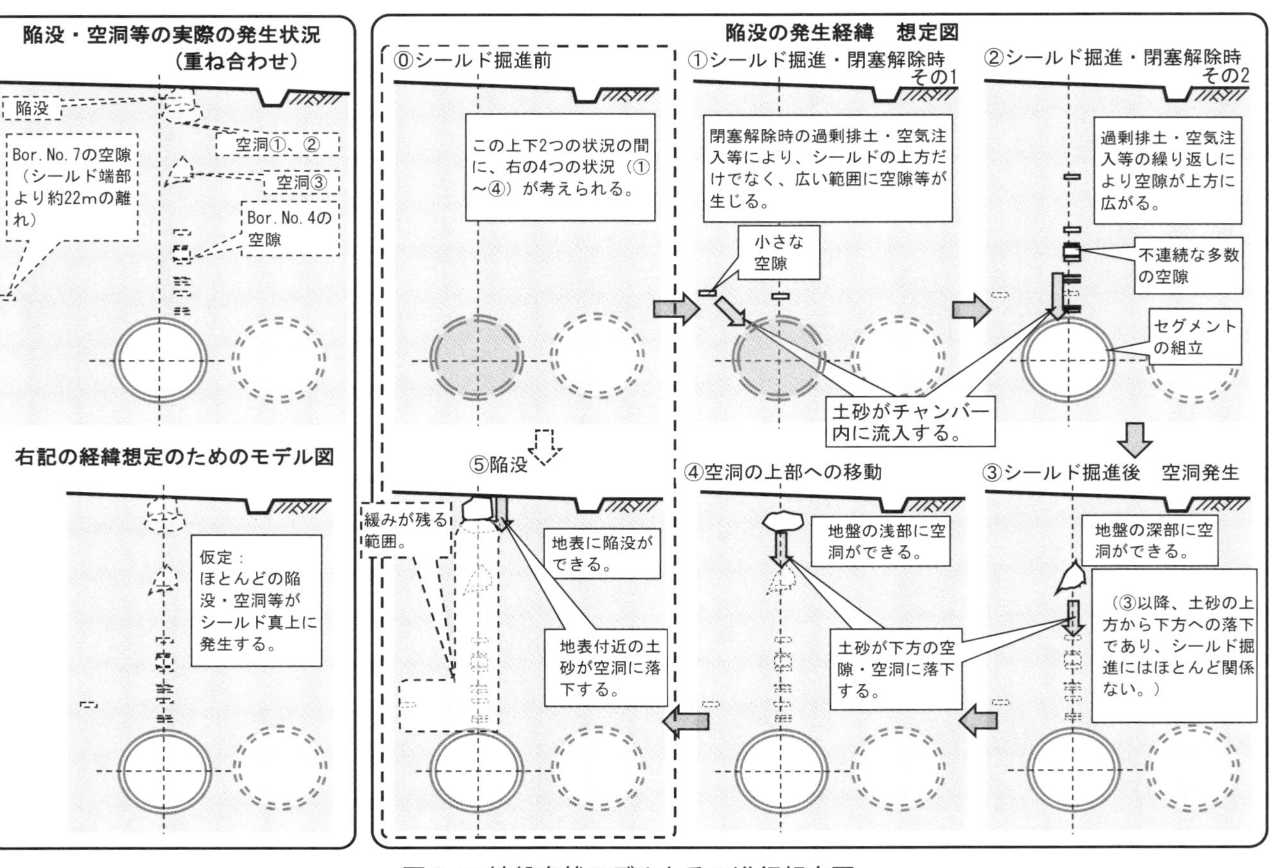

図 3-11 地盤変状モデルとその進行想定図

状の進行に関わっています。

地盤の圧力変化に着目した経緯概要図は「**図 3-12 ガスの挙動と陥没発生過程概念図**」の通りで、以下、その説明です。ただし、陥没地点の地層条件で説明すると、複雑になってしまうため、シールド掘進上部に難透水層と砂礫層がある単純化した条件とします。

①シールド掘進時、空気が注入され、気泡がシールド前面から流出しても、順調に掘進していれば、ほとんど問題とならない。また、気泡は一時的に難透水層下に滞留しても、その後、地面への気泡流出が少量であれば、地盤内の圧力変化はほとんどなく、地盤への影響もほとんどない。

②カッターが閉塞を起こすと、その解除のため、過剰排土及び空気注入が実施される。過剰排土とはチャンバー内の土砂の強制的排土であり、チャンバー内の圧力は低下する。一方、空気注入によって、地盤に流出・浮上した気泡は、浮上による圧力低下のため、法則に従い体積膨張が生じるが、その量が多い場合、限られた空間では十分な体積膨張ができないため、その付近の圧力が当初より上昇する。この二つの圧力変化が重なり大きな圧力差が生じる時、チャンバー内へ空気と共に地下水及び土砂が流入し、地盤に空隙ができる。

　特に、空気注入の継続で圧力上昇域が広がると、過剰排土によるチャンバー内の圧力低下時、その広がった範囲から土砂が流入し、空隙は地盤の広い範囲に発生する。

③シールド掘進（セグメント組立て）後も、空隙の圧力が保持されている間は、地下水・土砂の移動はあまりない。しかし、上記空隙の変化等の影響で上部の難透水層に「みずみち」ができ、そこを通って気泡が上部に急浮上すると、一時的にその範囲の圧力が急低下する。その圧力低下により、液状化現象で生じる吸い込み現象と同じように、地下水とともに土砂が空隙に流入（落下）し、上部に空洞ができる。ただし、空隙への土砂の流入は部分的であり、その範囲の地盤は緩んだ状態となる（「コア無し」等の状態）。

　この時点では、地表部には顕著な地盤変状は現れず、気づかれることはない。また、空洞の上部はアーチ（上方向に凸な曲線）形状となることにより、その形状（空洞）が一時的に保持される。

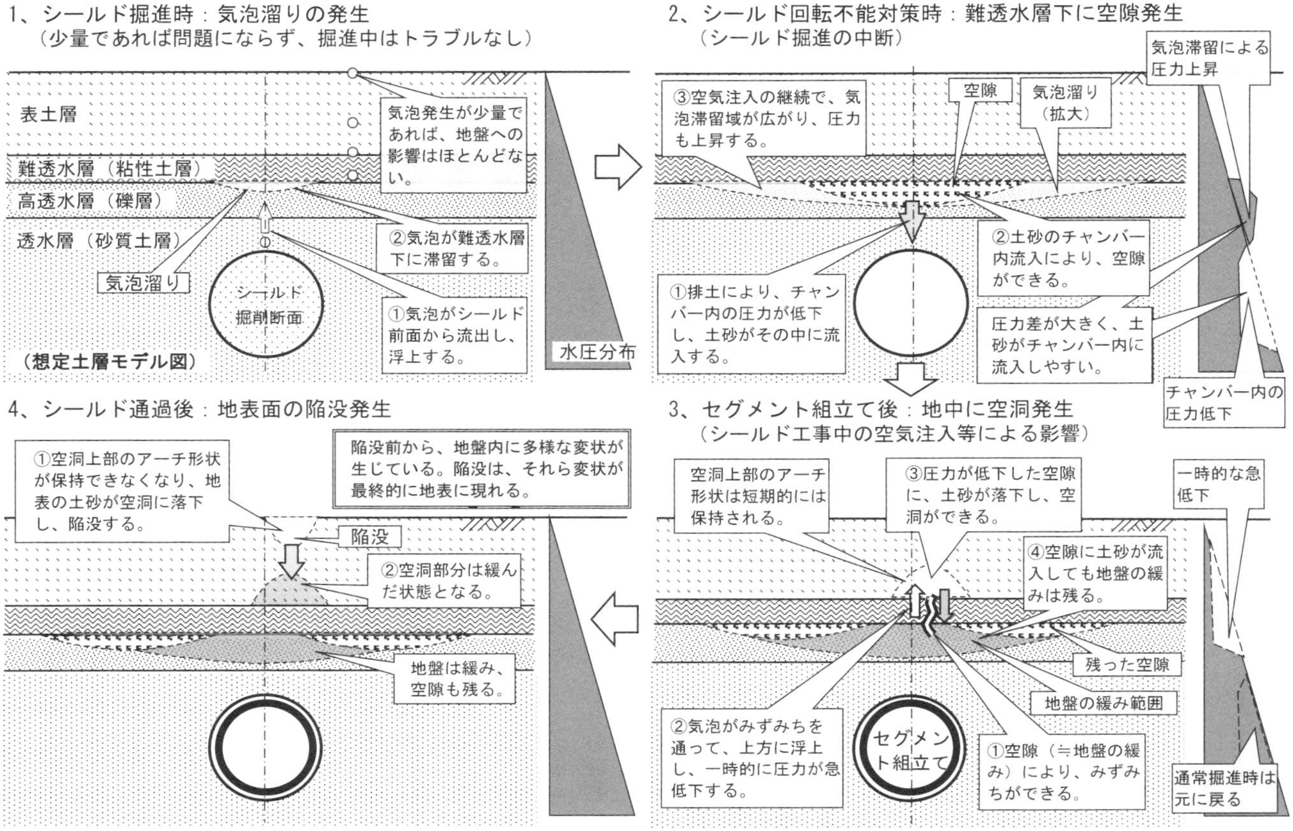

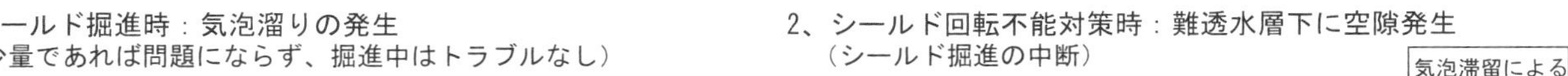

図 3-12 ガスの挙動と陥没発生過程概念図

④その後も、空洞の変状が進み、アーチ形状が保持できなくなると、地表付近の土砂の落下が急速に進み、地面が陥没する。

チャンバー内の過剰排土だけで空気流出がなければ、過剰排土時、地下水が流入し、その流入に土砂が伴っても、地盤への影響はシールドの近傍に限定され、その影響範囲は広がりません。

一方、空気注入が伴い、地盤の広い範囲に空気が流出すると、その広い範囲の圧力が上昇し、過剰排土によるチャンバー内の圧力低下時、空気が流出した広い範囲から、空気と一緒に地下水・土砂（主に砂）が、チャンバー内に流入し、地盤に影響します。特に、大量の空気注入は、広い範囲の圧力を上昇させ、その広い範囲からのチャンバー内への土砂流入を発生させており、陥没発生の大きな要因になっているのです。

「**図 2-12 ガスの挙動と液状化現象の発生過程概念図**」に示した液状化現象では、土砂噴出によって地盤に空洞ができ、その部分へ土砂が落下し、陥没が生じます。一方、今回のシールド工事では、過剰排土によってチャンバー内に空洞ができ、その部分へ土砂が流入し、地盤に空隙が生じ、最終的に陥没が生じます。2 つの陥没は、地盤内で類似の圧力変化があり、その圧力変化が原因で生じているのです。

気泡量が僅かであれば、水面に現れて、儚く消えるだけです。しかし、今回のように、一回当たり数㎥～数十㎥の空気が何十回も注入され（報告書では合計318㎥）、その地盤が透水性の高い砂礫層であると、チャンバー内の圧力変化によって、空気はその地盤内を容易に流出・移動します。そして、地盤内には、私たちが知りえない、また、調査しきれない地質的弱部（井戸やボーリング孔跡等）があり、その弱部に空気が達した時、その弱部を通って地表に噴出し、これまで想定されることのなかった「ガスの挙動」による多様な地盤変状が生じます。

「**2-1（3）②地表への砂の噴出**〈p70〉」は、上記の一事例で、地盤内の空気圧の上昇によって生じた可能性が高いのです。

参考３－２：空隙発生と拡幅部工事への影響

シールド工事が本線１本だけであれば、このような空隙が発生することによるトラブル発生は限定的ですが、複数のシールド工事が近接してあると、先に掘進したシールド工事によって地盤にできた空隙が、その後のシールド工事に影響します。今回の工事では、多数のシールド工事が近接して掘進される計画になっていて、その概要は「**図 3-13 拡幅部シールド工事規模と施工順序概要図**」の通りで、以下のシールド工事があります。

①本線シールド

②連結路シールド

③円周シールド（拡幅部工事、前例のない工事）

④外殻シールド（同上）

以上の工事は、南行・北行の２式となり、この２式も近接して掘進されます。

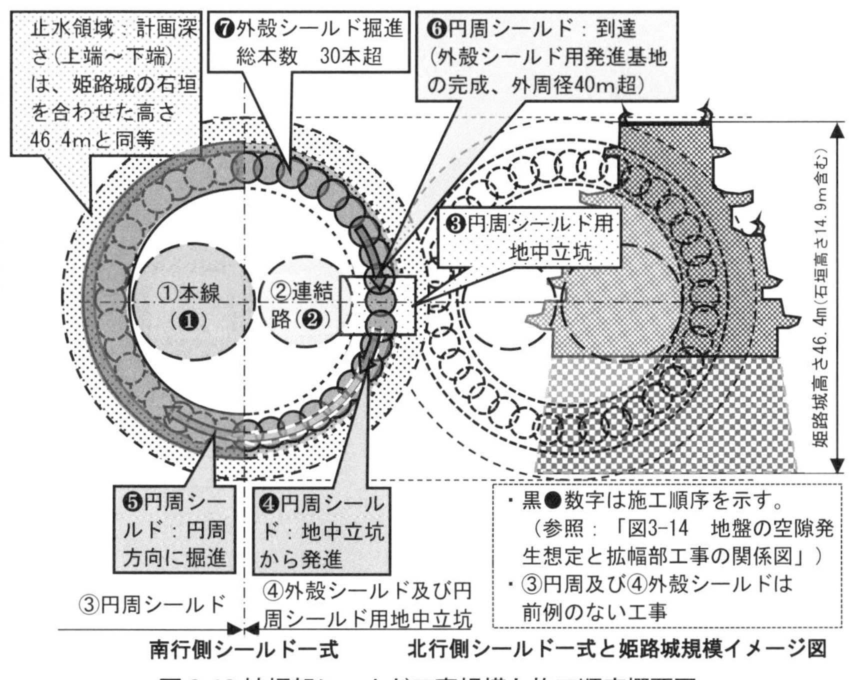

図 3-13 拡幅部シールド工事規模と施工順序概要図

そして、既に記したように、その中の一つ中央JCT南側南行の拡幅部の掘削規模は、建物で比べると、国宝姫路城の五重の建物高さ31.5 mに匹敵しますが、それら多様なシールド工事の接続部分は、漏水が生じやすい構造にならざるを得ないため、地盤内に止水領域が必要となり、「**図3-13**」に示す通り、その止水領域は、さらに大きく、その計画によるのでしょうが、姫路城の建物だけでなく石垣高さを含めた高さ46.4 m以上の規模になります。

中央JCT拡幅部の計画は、検討委員会によって、報告書「**中央JCT地中拡幅工事の詳細設計の状況について**（2020〈令和2〉年7月）」で公表されており、その全体工事の流れと、筆者が想定する本線シールド掘進によって地盤に発生する空隙との関係は、「**図3-14 地盤の空隙発生想定と拡幅部工事の関係図**」の通りとなり、その空隙は、その後掘進する多様なシールド工事に影響を及ぼす可能性が高いのです。

全体の工事の流れは極めて長く、複雑であり、一般の読者は、この図だけで、その概要を理解するのは容易でないと思われます。しかし、「**世界最大級の難工事**」の規模と複雑性の概要を理解してもらいたく、同図に示しました。

前出の「**シールドトンネル工事の安全・安心な施工に関するガイドライン**」の調査の項で「**過去の調査ボーリング跡、古井戸や仮設工事跡等は、地盤が著しく乱れていることや、<u>空気や水の通り道</u>となることなどがあるが、・・・・**」と記されているように、シールド工事で発生する空隙は、「**<u>空気や水の通り道</u>**」となり、その後の多様なシールド工事に影響するだけでなく、「**<u>拡幅両端のシールドトンネルとの接続</u>（参考1-4：合分流部（拡幅部）の課題**〈p36〉）」に必要となる止水領域にも発生し、この工事で最も重要である止水性を低下させる可能性があります。そして、その止水性の低下は、「**世界最大級の難工事**」と言われる工事を、さらに難しくします。拡幅部工事の安全性を確保し、陥没を起こさないためにも、シールド工事で空隙を発生させるような工法は避けなければならないのです。

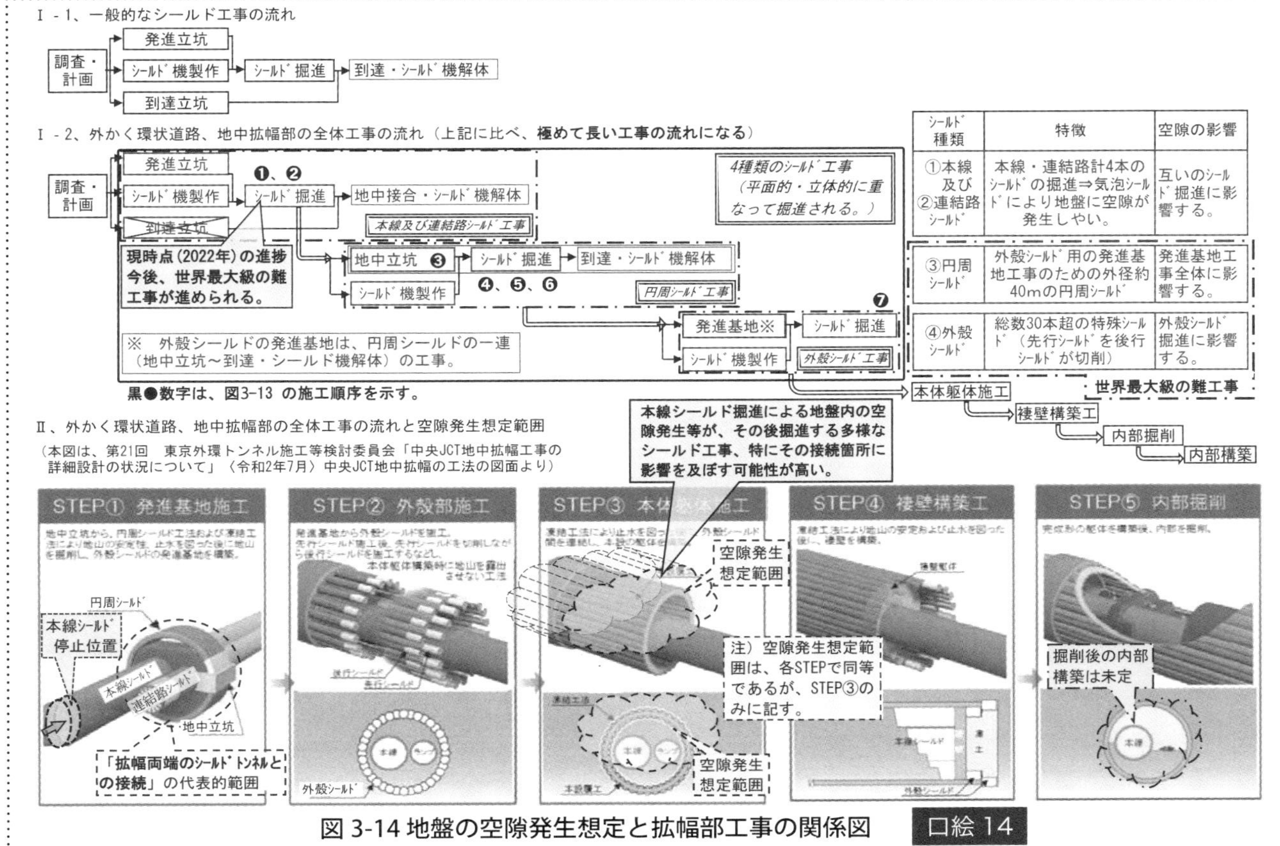

シールド種類	特徴	空隙の影響
①本線及び②連結路シールド	本線・連結路計4本のシールドの掘進⇒気泡シールドにより地盤に空隙が発生しやい。	互いのシールド掘進に影響する。
③円周シールド	外殻シールド用の発進基地工事のための外径約40mの円周シールド	発進基地工事全体に影響する。
④外殻シールド	総数30本超の特殊シールド（先行シールドを後行シールドが切削）	外殻シールド掘進に影響する。

図 3-14 地盤の空隙発生想定と拡幅部工事の関係図　口絵 14

〈工事差止請求等に関係する補足説明〉

東京地裁の工事差止命令（令和４年２月 28 日）とその命令で却下された部分を不服とした申立人側の抗告（同年３月 14 日）及びそれらに関係する要点を、参考図２、３にまとめ、補足資料として示します。

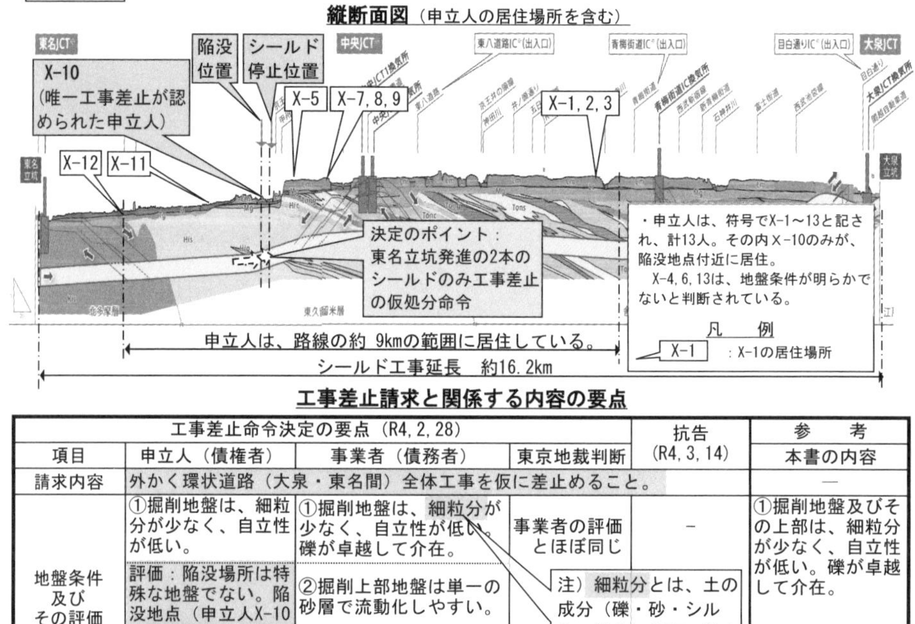

工事差止請求と関係する内容の要点

項目	申立人（債権者）	事業者（債務者）	東京地裁判断	抗告 (R4, 3, 14)	参考 本書の内容
	工事差止命令決定の要点（R4, 2, 28）				
請求内容	外かく環状道路（大泉・東名間）全体工事を仮に差止めること。				—
地盤条件及びその評価	①掘削地盤は、細粒分が少なく、自立性が低い。 評価：陥没場所は特殊な地盤でない。陥没地点（申立人X-10の居住場所）同様、他の申立人の居住場所も類似の地盤。	①掘削地盤は、細粒分が少なく、自立性が低い。礫が卓越して介在。 ②掘削上部地盤は単一の砂層で流動化しやすい。 ③表層が薄い。 評価：陥没場所は特殊な地盤である。	事業者の評価とほぼ同じ	－	①掘削地盤及びその上部は、細粒分が少なく、自立性が低い。礫が卓越して介在。 評価：必ずしも特殊な地盤でない。
陥没原因	閉塞時の過剰排土	申立人とほぼ同じ		－	大量の空気注入（気泡）と過剰排土
気泡の評価	申立人・事業者・東京地裁とも酸欠空気としての危険性にのみ着目。（ただし、有識者委員会では、気泡流出を陥没の影響要因としているものの可能性は低いと評価）				気泡の流出入が土砂の流入を増やし、陥没に影響。
再発防止対策の評価	再発防止は科学的根拠がなく検証されていない。	再発防止は厳しい土量管理により掘削する等々。	再発防止の具体策がない。	－	気泡の影響を考慮した抜本的な対策の見直しが必要。
決定の主なポイント	1、東名立坑発進のトンネル工事を、気泡シールド工法で工事してはならない。			－	課題：陥没に関わる特別な作業
	2、X-10の上記申立て以外は却下（東名立坑発進のトンネル工事以外の工事差止は認めない）。			申立却下部分の取り消しを求める。	過剰排土及び空気注入（気泡）による土砂の流入。
	3、X-10を除く申立人の申立はいずれも却下。				

注）細粒分とは、土の成分（礫・砂・シルト・粘土）の内、砂よりも粒径の小さいシルト・粘土をいう。

争点の一つ

参考図 3

工事差止請求等に関係する要点の概要図 (2/2)

陥没場所の地盤条件とその発生原因の考え方　概要（ｼｰﾙﾄﾞ掘進断面）比較図

1, 申立人（債権者）の想定　　　2, 東京地裁の想定

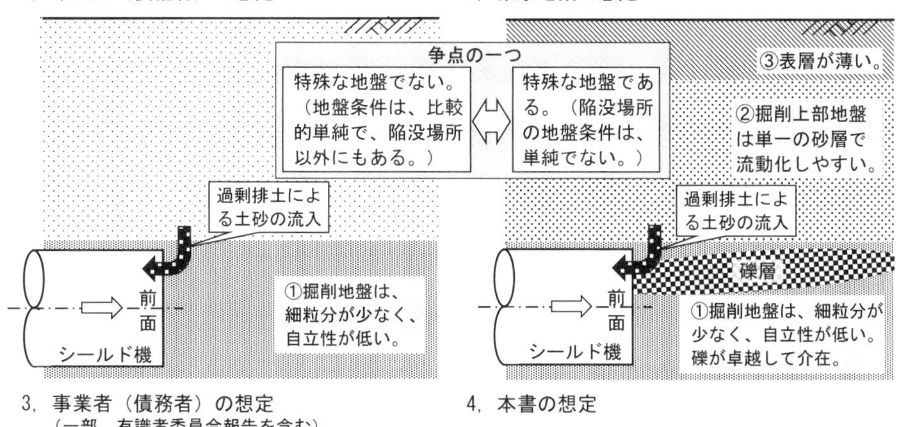

3, 事業者（債務者）の想定
（一部、有識者委員会報告を含む）

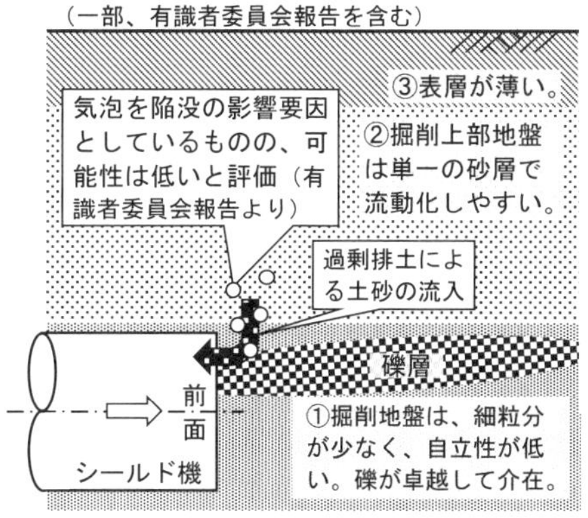

4, 本書の想定

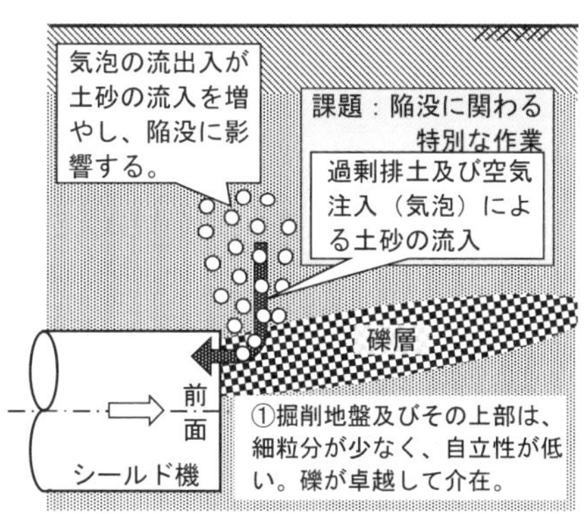

参考図２に示す「X-10」は、陥没地点付近に居住し、唯一その申立が認められた申立人であり、「住宅の真下に巨大トンネルはいらない！－ドキュメント・東京外環道の真実－」（文献 3-2）の著者です。

現在（陥没の約２年後）、事業者が、地盤の補修工事のため、シールド真上の家屋移転を進めていて、ルートから 31㎝離れた同宅は「**『ルート直上**（≒真上）**以外に地盤の緩みはない』（事業者側）と移転の対象外**（2022 年 10 月 18 日　東京新聞　朝刊）」とされましたが、裁判所の決定に「（同宅は）**直上にあるのと同視して差し支えない程度の距離にある**」と記されるように、「**ルート直上以外に地盤の緩みはない**」とする考えの再考は不可欠です。

〈あとがき〉

近年技術開発された密閉型シールド工法は、わが国の代表的な土木技術の一つで、安全で確立された施工法であると認められているものの、陥没事故を起こしており、その工事中、シールド掘進位置から離れた地表で、砂噴出があること等は、土質力学では説明できない不可解な現象です。

また、大地震の度に、近年各地で液状化が再発（再液状化）し、砂噴出があるにもかかわらず、液状化の専門書でも「**再液状化の発生メカニズムは非常に複雑であり、現時点ではそのメカニズムは断定するに至っていない**」（文献 00-1）とあり、砂噴出を含む再液状化は、液状化後のクレーター発生同様、定説では説明できない不可解な現象です。

不可解な現象があれば、その現象解明のためには、その定説を疑うことも重要なのでしょうが、陥没発生や液状化現象の過程で、不可解な現象があっても、定説に従って検証が進められるだけで、新たな視点からの解明が試みられていないようです。

なぜ、試みられないのか。

先ず、気泡は、地下水中を浮上し、その水面に現れ、視覚に入っても、私たちはあまり意識していないことにあります。そして、気泡発生は、酸素欠乏等の環境面で悪影響を生じさせるため、ある程度深い地盤（10 m程度以深）の工事に携わっている人は、その発生の有無を管理し、悪影響回避のための対策を考えていますが、気泡発生が地盤破壊等の原因になると理解していません。

なぜ、理解されないのか。

地盤そのものは、「土」と称され、極めて身近な存在であるものの、その特性が複雑であることは、一般の人には、意外と知られていません。

土は、土粒子（固体）と水（液体）、空気（気体）の三相から構成されていて、その特性の複雑さは、土粒子の性状だけでなく、土粒子間の水の挙動によっていて、その水の挙動は研究対象となっていますが、その特性はそれら以外の影響も受けているのです。気体は、圧力変化時、遊離・溶存と変化するだけでなく、体積変化が大きく、その「ガス（気体）の挙動」は、土の特性、特に地盤破壊に、大きく影響し、その特性をさらに複雑にしているにもかかわらず、これまで、その挙動は研究対象にもなっていません。

私たちは、普段から気泡発生を見て、ボイルの法則等を知識として得ていても、気泡は儚いと意識するだけで、それら知識を生かすことができずにおり、「ガスの挙動」は軽視され続けており、抜本的対策が立てられていないのです。

本書は、公表されている限られたデータ等に基づき、その現象の解明に努め、書き記しました。その解明において、筆者の理解不足及び分析不備があれば、お詫びするとともに修正しなければならないと考えています。しかし、「ガスの挙動」によるトラブルは、陥没事故・液状化現象だけでなく、他の多様な現象で起きているのも事実であり、より多くのデータを再検証することにより、各々の不可解な現象が、解明されると考えられます。

「地盤内に注入された大量の空気」は、自然由来の地下ガスと同じように、地盤破壊に関わっていることを理解した上で、大深度・大断面の気泡シールドに対する抜本的見直しを進めてもらいたく、この陥没事故の原因である「ガスの挙動」に焦点を当てました。

また、今回の気泡シールドによる陥没に対して、「**具体的再発防止対策が示されていない**」等により、東京地裁が工事中止の仮処分を下していることを考慮すれば、定説にとらわれない閉塞発生原因の究明と、その究明に基づく再発防止対策の策定が、不可欠なのです。

トラブルでの対策が不十分であると、事故を防止できないだけでなく、プロジェクトが遅延します。先人は、厳しい地盤条件下で、幾多の試行錯誤と多くの新たな技術開発により、計画時の完成期日を遅延させながらも、社会が必要とするプロジェクトを成し遂げてきました。

この外かく環状道路は、近年成立した大深度法の適応を受け、新たな厳しい条件を抱えることにより、拡幅部工事が「世界最大級の難工事」と言われているように、このプロジェクトの難度は一段と増しています。したがって気泡シールド工法に対する抜本的見直しによる陥没防止対策の実施だけで、このプロジェクトが成し遂げられるようになるわけではないと理解していますが、このプロジェクトの遅延改善に貢献すべく、未解明である「ガスの挙動」を本書で提起しました。

新たな提言を書き記すにあたり、事実確認等のために、異業種の方々を含め、山岳トンネルやシールドの専門家等の方々から沢山のアドバイスをいただき、特に、四半世紀前、当時、世界最大級の土圧シールド工事に共に携わり、シールドのエキスパートでもある一原正道氏には、適切かつ極めて有用な意見をいただきました。同氏をはじめ多くの方々の意見・アドバイスは筆者自身の励みにもなったことを書き添えさせてもらい、関係した方々に感謝いたします。

また、本書の発端は、筆者の友人で高文研の社長でもある飯塚直氏に「調布陥没事故原因には気泡が関っている」との筆者の考えを話したことにあり、同氏の勧めで執筆することになりました。現在、中断しているプロジェクトに関わる課題であり、速やかな出版と読みやすさが求められたものの、思うように原稿がまとまらず、出版が遅くなってしまいましたが、最後まで本書の取りまとめのために有益な助言をしていただいた同氏はじめ、高文研の皆様にお礼申し上げます。

読者の皆様には、分析不備等をご指摘いただくと共に、この提言を、「ガスの挙動」に関連した課題解決に活用されることを期待します。

〈参考文献〉

【はじめに】

文献 0-1　東京都土木技術研究所 『東京都（区部）大深度地下地盤図』（東京都土木技術研究所、1996 年 3 月）

文献 0-2　インターネット情報（裁判所の H.P.　裁判例速報より）
東京地方裁判所 『事件名 令和２年（ヨ）第１５４２号 東京外環道気泡シールドトンネル工事差止仮処分命令申立事件』 令和 4 年 2 月 28 日（https://www.courts.go.jp/app/files/hanrei_jp/271/091271_hanrei.pdf, 2022.9.6）

文献 0-3　インターネット情報　国土交通省関東地方整備局　他 3 機関『記者発表資料：東京外かく環状道路（関越～東名）事業連絡調整会議（第 2 回）開催結果について』平成 27 年 12 月 25 日 （https://www.ktr.mlit.go.jp/gaikan/pdf/press_pdf/2015/h27_1225_press.pdf, 2022.5.10）

【第１章】

文献 1-1　大深度地下利用研究会『詳解　大深度地下使用法』（大成出版社、2001 年 9 月）

文献 1-2　大江戸線建設物語編纂委員会『大江戸線建設物語』（成山堂書店、平成 27 年 7 月）

文献 1-3　鈴木康洋　他 2 名「並走するシールドトンネルを非開削で一本化：大橋連結路」（『建設機械施工　Vol.65』、2013 年 10 月）

文献 1-4　インターネット情報　シールドトンネル施工技術検討会『シールドトンネル工事の安全・安心な施工に関するガイドライン』令和 3 年 12 月（https://www.mlit.go.jp/tec/content/001477789.pdf　2022.5.10）

文献 1-5　甘露寺泰雄「温泉（深井戸）ボーリングデータ公開の課題（『地質ニュース 667 号』、2010 年 3 月）

【第２章】

文献 2-1　地学団体研究会編『新版　地学事典』（平凡社、1996 年 10 月）

文献 2-2　堀江博『地下ガスによる液状化現象と地震火災』（高文研、2017 年 1 月）

【第３章】

文献 3-1　インターネット情報　東京外環トンネル施工等検討委員会 有識者委員会 報告書（第 7 回会合時、令和 3 年 3 月）（https://www.e-nexco.co.jp/news/important_info/2021/0319/00009597.html　2022.5.10）

文献 3-2　丸山重威『住宅の真下に巨大トンネルはいらない！－ドキュメント・東京外環道の真実－』（あけび書房、2018 年 11 月）

【あとがき】

文献 00-1　若松加寿江　他『地盤・土構造物のリスクマネジメント、地盤崩壊・液状化メカニズムとその解析、監視、防災対策』（エヌ・ティー・エス、2019 年 1 月）

堀江 博（ほりえ・ひろし）

1953 年生まれ。栃木県出身。現在千葉県在住。
1976 年東北大学工学部卒業。同年ゼネコン入社。
2013 年退職。2019 年退社。
在職中、液状化対策関連工事を含む地下工事の計画・設計・施工等に関わり、多くのプロジェクトに、シビルエンジニアとして参画。特に、国内外のプロジェクトで、地下ガスの噴出に絡んで生じる「地下ガスの挙動」の不思議さに遭遇。
退職前より、長年の懸案であった「地下ガスの挙動」の解明に着手。前２作で取り上げた「自然由来の地下ガス」だけでなく、「人工的に地盤内に注入されたガス」に着目し、調布での陥没事故を含めトンネル事故にも、その「ガスの挙動」が関っていると説く。
「地下ガスの挙動」を未解明科学と捉え、ライフワークとし、その領域をさらに広げている。
著書
『地下ガスによる液状化現象と地震火災』（2017 年 1 月、高文研）
『地下ガスによる火災』（2021 年 1 月、高文研）

陥没事故はなぜ起きたのか
―外かく環状道路陥没の検証―

●2023 年 1 月 20 日 ―――――― 第 1 刷発行

著　者／**堀江　博**
発行所／株式会社 **高 文 研**
東京都千代田区神田猿楽町 2-1-8　〒 101-0064
TEL 03-3295-3415　振替 00160-6-18956
https://www.koubunken.co.jp
印刷・製本／中央精版印刷株式会社

★乱丁・落丁本は送料当社負担でお取り替えします。

ISBN978-4-87498-819-0　C0051